Dr. Tarandeep Kaur

Hipertensão: Danos genéticos e stress oxidativo

Dr. Tarandeep Kaur

Hipertensão: Danos genéticos e stress oxidativo

ScienciaScripts

Imprint
Any brand names and product names mentioned in this book are subject to trademark, brand or patent protection and are trademarks or registered trademarks of their respective holders. The use of brand names, product names, common names, trade names, product descriptions etc. even without a particular marking in this work is in no way to be construed to mean that such names may be regarded as unrestricted in respect of trademark and brand protection legislation and could thus be used by anyone.

Cover image: www.ingimage.com

This book is a translation from the original published under ISBN 978-620-2-08216-7.

Publisher:
Sciencia Scripts
is a trademark of
Dodo Books Indian Ocean Ltd. and OmniScriptum S.R.L publishing group

120 High Road, East Finchley, London, N2 9ED, United Kingdom
Str. Armeneasca 28/1, office 1, Chisinau MD-2012, Republic of Moldova, Europe
Printed at: see last page
ISBN: 978-620-7-97632-4

PREFÁCIO

A hipertensão é uma doença assintomática, ubíqua mas dolorosa, que é a principal causa de morbilidade e mortalidade cardiovascular em todo o mundo. Com mudanças no estilo de vida e medicação, esta doença assintomática torna-se sintomática. Mas o nível de consciencialização do público em geral é abismal. Quando a doença é diagnosticada, são aconselháveis modificações no estilo de vida e uma terapia médica para controlar a pressão arterial. A investigação sobre os aspectos diagnósticos e terapêuticos deste assassino silencioso está a desenvolver-se rapidamente. Existe uma grande quantidade de novos livros e monografias que abordam os aspectos epidemiológicos, de diagnóstico e terapêuticos da hipertensão. Este livro pretende ser uma referência útil, contendo uma revisão sistemática do stress oxidativo e dos danos genéticos em doentes hipertensos, em relação a determinados genes metabólicos, e oferece aos leitores a oportunidade de aprofundar os aspectos dos danos genéticos e do stress oxidativo na hipertensão.

O livro termina com uma análise aprofundada e espero que considere a informação legível, abrangente e útil. Estou grato à Lambert Academic Publishing House pela publicação deste livro.

Dr. Tarandeep Kaur

Conteúdo

Capítulo 1

Introdução

A hipertensão é uma doença quantitativa complexa e multifatorial caracterizada por uma pressão arterial sistólica sustentada de >140mm/Hg e/ou uma pressão arterial diastólica de >90mm/Hg (IHG III, 2013) e é responsável por mais de 90% de todos os casos (Bolivar, 2013). Os doentes hipertensos essenciais são susceptíveis a problemas cardiovasculares, cerebrovasculares e renais que se manifestam frequentemente como insuficiência cardíaca, acidente vascular cerebral e doença renal terminal (Carretero e Oparil, 2000). A pressão arterial é regulada por uma interação complexa entre os sistemas cardíaco, vascular, renal, neural e endócrino (Chopra *et al.,* 2011). Estes sistemas são controlados por factores genéticos e ambientais e qualquer alteração biológica num mecanismo regulador pode levar à hipertensão. Os factores demográficos e ambientais, como a idade, a obesidade, o tabagismo, a ingestão de sal e a atividade física, também podem modular a doença (Abdulsalam *et al.,* 2014). O stresse oxidativo é também um elemento-chave na patogénese da hipertensão, que pode levar a danos genéticos e comprometer ainda mais a saúde dos doentes hipertensos.

Nem todos os componentes genéticos da hipertensão são evidentes, mas nada menos que 991 genes e 225 SNPs estão associados à hipertensão (http://www. bws.iis.sinica.edu.tw/THOD/ acedido em 20 de agosto de 2017). Os genes comuns que predispõem à hipertensão incluem os do angiotensinogénio *(AGT),* da enzima conversora de angiotensina I *(ECA),* do recetor de angiotensinogénio II subtipo I *(AGTRI),* da alfa -I-antiquimotripsina (ACT ou *SERPINA3)* (Whitfield *et al.,* 2009). Foi dada especial atenção aos genes que codificam enzimas envolvidas no metabolismo dos medicamentos ou nas defesas antioxidantes. Os polimorfismos funcionais nestes genes de enzimas metabólicas podem estar envolvidos na patogénese da hipertensão. Níveis baixos de enzimas podem levar a um aumento de metabolitos reactivos que podem desencadear vias de stress que conduzem a um desequilíbrio oxidativo. Entre outros, os genótipos metabólicos da fase **I**, Citocromo P450 (http://www.ncbi.nlm.nih.gov/gene/1565 acedido em 20 de agosto de 2017) e da fase II, Glutationa S -Transferase *(GST)* (http://www.ncbi.nlm.nih.gov/gene/2950 acedido em 20 de agosto de 2017) desempenham um papel mecanicista no desenvolvimento da hipertensão, provavelmente devido à sua capacidade de homeostase eficiente e de eliminação de radicais livres. Das sete enzimas CYP 450, o citocromo CYP2D6 representa apenas 1,5% do total de isoformas CYP e é o mais importante para o metabolismo de substâncias ambientais e endógenas. O gene *CYP2D6* é altamente polimórfico: são conhecidas até 120 variantes genéticas (Evans e Relling, 2004), dando origem a uma atividade enzimática irregular. Os genes da glutationa S-transferase constituem uma família multigénica de oito classes de genes *GST*, nomeadamente Alpha, Kappa, Mu, Pi, Sigma, Theta, Zeta e Omega, enzimas metabólicas que desempenham um papel importante na desintoxicação de muitos compostos carcinogénicos electrofílicos potencialmente tóxicos e eliminam-nos tornando-os solúveis em água (Hayes *et al.*, 2005). As variantes nos genes *GSTT1* (22q11.2), *GSTM1* (1p13.3) e *GST P1* (11q13) conferem variabilidade na capacidade de metabolização, desde uma atividade reduzida até à perda total de atividade, resultando numa suscetibilidade diferencial a várias formas de doença. (http://www.ncbi.nlm.nih.gov/gene/2950 acedido em 20 de agosto de 2017). A atividade reduzida das enzimas metabolizadoras pode levar a um aumento do stress oxidativo, que tende a danificar as macromoléculas e os danos no ADN podem levar a neoplasias. Por conseguinte, no presente trabalho, a literatura relevante relacionada com a investigação original em amostras humanas sobre o stress oxidativo e os danos genéticos com base nas variantes dos genes *CYP2D6* e *GST* em doentes hipertensos foi compilada em diferentes capítulos.

Referências

Abdulsalam, S., Olugbenga-Bello, A., Olarewaju, O., & Abdus-salam, I. (2014). Correlatos sociodemográficos de fatores de risco modificáveis para hipertensão em uma área de governo local rural do estado de Oyo, sudoeste da Nigéria. *Revista Internacional de Hipertensão* **2014**: 1-9.

Bolivar, J.J. (2013). Hipertensão essencial: Uma abordagem à sua etiologia e fisiopatologia neurogénica. *Revista Internacional de Hipertensão* **2013**: 1-11.

Carretero, O.S. e Oparil, S. (2000). Hipertensão essencial: Parte I: Definição e Etiologia. *Circulation* **101:** 329-335.

Chopra, S., Baby, C. e Jacob, J.J. (2011). Regulação neuro-endócrina da pressão arterial. *Jornal Indiano de Endocrinologia e Metabolismo* **15**: S281-S288.

Evans, W.E. e Relling, M.V. (2004). Avançar para a medicina individualizada com a farmacogenómica. *Nature* **429** : 464-468.

Hayes, J.D., Flanagan, J.U. e Jowsey, I.R. (2005). Glutationa transferases.*AnnualReview of Pharmacology and* **Toxicology45** : 51-88.

Directrizes indianas para a hipertensão III, "Gestão da hipertensão". *The Journal of Association of Physicians of India,* **61**: 18-23, 2003.

Whitfield, K.E., Yao, X., Boomer, K.B., Vogler, G.P., Hayward, M.D. e Vandenbergh, D.J. (2009). Análise de genes candidatos e hipertensão em adultos afro-americanos.*Ethnicity &* **Disease19**: 18-22.

Capítulo 2

Informações gerais sobre a hipertensão

A tensão arterial é a força exercida pelo sangue nas paredes dos vasos sanguíneos quando o coração bombeia (NHANES III, 1993). Mas quando esta pressão arterial se eleva acima de certos limites, fala-se de hipertensão. O Joint National Committee (JNC 7- Chobanian *et al.*, 2003; JNC 8-James *et al.*, 2014) e as Indian Hypertension Guidelines (IHG III, 2013) definiram a hipertensão como uma pressão arterial sistólica (PAS) sustentada >140 mmHg e/ou uma pressão arterial diastólica (PAD) >90 mmHg. As diferentes categorias de pressão arterial são:

Directrizes	**Categoria**	**Sistólica (mm Hg)**	**Diastólica (mm Hg)**
Hipertensão indiana Directrizes, (2013)	Ótimo	<120	<80
	Normal	<130	<85
	Alta Normandia	130-139	85-89
	Hipertensão		
	Primeira fase	140-159	90-99
	Passo 2	160-179	100-109
	Passo 3	>180	>110
Sétimo e oitavo relatórios do Comité Nacional Misto para a Prevenção, Deteção e Segurança, Avaliação e tratamento da hipertensão (Chobanian *et al.*, 2003 ; James *et al.*, 2014)	Normal	<120	<80
	Pré-hipertensão	>120-139	>80-89
	Hipertensão		
	Primeira fase	140-159	90-99
	Passo 2	>160	>100

O diagnóstico de hipertensão é efectuado com base na medição da pressão arterial em pelo menos duas ocasiões diferentes, com uma ou três semanas de intervalo, após o rastreio inicial. Para cada registo, é feita a média de três medições (IHG III, 2013). Se a PAS for maior ou igual a 140 mmHg e a PAD maior ou igual a 90 mmHg, trata-se de um estado hipertensivo. A história e o exame físico do doente podem ser registados para detetar eventuais causas secundárias de hipertensão (Simces *et al.*, 2012).

Prevalência de hipertensão

A hipertensão e as suas co-morbilidades estão a tornar-se a principal causa de morte e de incapacidade, tanto nos países desenvolvidos como nos países em desenvolvimento. Prevê-se que, até 2025, 1,56 mil milhões de pessoas em todo o mundo sofram de hipertensão. A prevalência da hipertensão é mais elevada nos países de baixo e médio rendimento (31,5%) do que nos países de elevado rendimento (28,5%) (Mills *et al.*, 2016). A Organização Mundial de Saúde atribuiu 12,8% das mortes em todo o mundo à hipertensão (OMS, 2004), que se acredita ser a quarta principal causa de morte prematura nos países desenvolvidos. Só nos Estados Unidos, 9,4 milhões de mortes e 7% das incapacidades em 2010 deveram-se provavelmente à hipertensão (Lim *et al.*, 2012). Na Índia, esta doença não transmissível foi responsável por 10% de todas as mortes em 2011 (Patel *et al.*, 2011). Até 2025, a Índia terá 213 milhões de hipertensos (Reddy *et al.*, 2005).

Tipos clínicos de hipertensão

Os tipos clínicos de hipertensão podem ser primários ou secundários. A hipertensão primária (essencial) representa 90 95% dos casos de hipertensão (Dabhade *et al.*, 2014). Embora idiopática, a sua associação com a obesidade e a história familiar é amplamente reconhecida. Por outro lado, a hipertensão secundária (5-10% dos casos) está ligada a disfunções do sistema nervoso central, dos rins, dos pulmões e dos sistemas vascular e endócrino (Chiong *et al.*, 2008).

Co-morbilidades associadas à hipertensão

Nos países desenvolvidos, mais de 25% da população adulta é afetada pela hipertensão. Embora seja a forma mais comum de hipertensão, é uma doença controlável (Williams, 2009). No entanto, se não for tratada adequadamente, surgem complicações, como a insuficiência cardíaca, a doença renal e a hemorragia cerebral, que conduzem a uma elevada morbilidade e mortalidade. Outras co-morbilidades incluem lesões em órgãos-alvo sob a forma de hipertrofia ventricular esquerda e disfunção renal, doença aterosclerótica, diabetes mellitus e síndrome metabólica (Calhoun *et al.*, 2008; Sowers, 2002). Os doentes hipertensos têm o dobro do risco de doença coronária, quatro vezes o risco de insuficiência cardíaca congestiva e sete vezes o risco de doença cerebrovascular do que os indivíduos normotensos (Stamler *et al.*, 1993; Flack *et al.*, 2003). Em doentes com hipertensão não especificada e maligna, a diabetes foi a comorbilidade mais comum, enquanto as anomalias do metabolismo lipídico foram as mais comuns na hipertensão benigna (Davila e Hlaing, 2012). A osteoartrite e a asma também foram detectadas em doentes com hipertensão (Wang *et al.*, 2005). De facto, cerca de 80% dos doentes hipertensos têm co-morbilidades como a obesidade, a intolerância à glicose, a hiperinsulimia, o colesterol HDL baixo, o colesterol LDL alto e os triglicéridos. A presença simultânea de mais de duas comorbilidades foi documentada em cerca de 50% dos doentes hipertensos (Saha *et al.*, 2006).

Etiologia

A hipertensão essencial é uma doença poligénica multifatorial associada a factores de confusão ambientais e genéticos (Wang e Peng, 2013). Vários mecanismos fisiológicos mantêm a pressão arterial no organismo e, portanto, qualquer perturbação, desequilibrando o débito cardíaco e a resistência periférica, pode levar ao desenvolvimento da hipertensão (Beevers *et al.*, 2001).

Alterações do estilo de vida, como o sedentarismo, o stress, a obesidade, a baixa ingestão de potássio e cálcio, a sensibilidade ao sódio e o consumo excessivo de álcool podem levar ao desenvolvimento da hipertensão (INTERSALT, 1988; Sever e Poulter, 1989; Sagare *et al.*, 2011). O envelhecimento, a predisposição genética e uma história familiar de hipertensão também aumentam o risco desta doença (Tabassum e Ahmad, 2011). A estenose da artéria renal, os distúrbios da tiroide, a doença renal crónica e os distúrbios do sono também podem conduzir à hipertensão.

Factores de risco

A hipertensão é uma doença complexa em que os factores genéticos e ambientais desempenham papéis complexos na manutenção de níveis óptimos de pressão arterial. Dependendo da sua etiologia, a hipertensão pode ser primária/essencial (sem causa visível) ou secundária com uma causa definida. Quase 90% dos casos de hipertensão são hipertensão essencial (Dabhade *et al.*, 2014). Vários factores de risco estão associados à hipertensão.

desenvolvimento da hipertensão; estes factores podem ou não ser modificáveis.

***Factores** de risco modificáveis* - As estratégias de intervenção podem modificar estes factores de risco, que incluem principalmente o consumo excessivo de sal, o excesso de peso e a obesidade, a inatividade física e o consumo excessivo de álcool (Sagare *et al.*, 2011; Singh *et al.*, 2012).

Factores de risco não modificáveis - São irreversíveis e não podem ser alterados; incluem a idade, o sexo, a história familiar e a etnia (Abed e Haddaf, 2013). Os principais factores de risco modificáveis e não modificáveis que contribuem para o desenvolvimento da hipertensão incluem o estilo de vida, a idade, o sexo, a história familiar, a etnia e a obesidade. Apresentam-se a seguir alguns pormenores importantes destes factores:

Genética da hipertensão

Os estudos de agregação familiar registaram uma hereditariedade da hipertensão que varia entre 3436% com base em medições únicas da pressão arterial (Levy *et al.*, 2009) e 56-57% com base na pressão arterial média a longo prazo (Pilia *et al.*, 2006; VanRijn *et al.*, 2007). Em 29 estudos de associação do genoma (GWAS), uma meta-análise (incluindo a associação de 2,5 milhões de SNPs com a PAS e a PAD) identificou apenas 29 SNPs significativamente associados à hipertensão, 16 dos quais eram novos SNPs (Ehret, 2011). A proliferação de estudos de mapeamento genético dificulta o rastreio de todos os genes candidatos à hipertensão. De acordo com (Dai *et al.*, 2013), existiam até 837 variantes genéticas associadas à hipertensão, enquanto na base de dados de genes candidatos à hipertensão, obesidade e diabetes (T-HOD), existem atualmente 991 genes e 255 sítios SNP de genes candidatos (http://www. bws.iis.sinica.edu.tw/THOD/ acedido em 27 de setembro de 2017). Os genes seleccionados para este estudo, *CYP2D6* e *GST,* também estão incluídos nesta base de dados.

Tratamento

O tratamento da hipertensão tem por objetivo reduzir a pressão arterial para menos de 140/90 mmHg nos doentes hipertensos com menos de 60 anos e para menos de 150/90 mmHg nos doentes com mais de 60 anos (James *et al.,* 2014). Isto evita ou atrasa as co-morbilidades associadas e, por conseguinte, protege os órgãos de lesões, melhorando assim a qualidade de vida ao reduzir o risco de morbilidade global.

Tratamento farmacológico - De acordo com as Indian Hypertension Guidelines (IHG III, 2013), a primeira linha de tratamento da hipertensão recomenda cinco classes principais de medicamentos, nomeadamente os inibidores da enzima de conversão da angiotensina (IECA), os bloqueadores dos receptores da angiotensina II, os bloqueadores dos canais de cálcio, os diuréticos e os beta-bloqueadores. O medicamento adequado é prescrito em função de uma série de factores, como a idade, a presença de lesões nos órgãos-alvo, outras doenças coexistentes, etc.

Inibidores da enzima conversora da angiotensina (ECA) - São medicamentos que bloqueiam a enzima conversora da angiotensina, ou seja, a produção da hormona angiotensina II a partir da angiotensina I. A angiotensina II circula no sangue e contrai os vasos sanguíneos. A angiotensina II circula no sangue e contrai os vasos sanguíneos. A angiotensina II circula no sangue e contrai os vasos sanguíneos, obrigando o coração a trabalhar mais para bombear o sangue através das artérias principais, o que leva a um aumento da pressão arterial.

Bloqueadores dos receptores da angiotensina II (BRA) - actuam bloqueando os receptores da angiotensina II, de modo a que esta não se possa ligar aos seus receptores e os seus efeitos sejam inibidos (Terra, 2003), reduzindo assim a pressão arterial e o stress oxidativo. Os BRA são prescritos em caso de hipertensão, doença cardiovascular e doença renal.

$^{2+}$***Bloqueadores ou antagonistas dos canais de cálcio (BCC)*** - Provocam vasodilatação e inibem a entrada de iões de cálcio através dos canais de Ca dependentes da voltagem, levando a uma redução dos níveis de cálcio, reduzindo assim a contração e diminuindo a pressão arterial (Dustan, 1989).

Diuréticos - *Os diuréticos* facilitam a absorção de sódio dos túbulos distais para o interstício, reduzindo assim a reabsorção de sódio. O resultado é um aumento da perda de fluidos através da urina, o que leva a uma diminuição do fluido extracelular e a um aumento da libertação de renina, a uma diminuição do débito cardíaco e, por conseguinte, a uma descida da pressão arterial (Conway e Lauwers, 1960).

Beta-bloqueadores (P) - Os receptores adrenérgicos beta-1 estão presentes no coração, nos vasos sanguíneos e nos pulmões e são estimulados por neurotransmissores (catecolaminas - epinefrina e nor-epinefrina) libertados pelas terminações nervosas do sistema nervoso simpático. Os neurotransmissores ajudam o organismo a lidar com o stress e a ansiedade. A estimulação dos receptores beta-1 adrenérgicos pelas catecolaminas faz com que a proteína G se ligue à adenilil ciclase e produza cAMP. O AMPc, por sua vez, ativa a proteína quinase A, que aumenta a entrada de iões de cálcio no citosol através da fosforilação dos canais de cálcio da membrana. O aumento da concentração de cálcio tem efeitos inotrópicos e cronotrópicos positivos (Opie e Yusuf, 2005), levando a um aumento da frequência cardíaca, da pressão arterial e da contração do músculo cardíaco. Os fármacos beta-bloqueadores bloqueiam os receptores beta-1 adrenérgicos e ligam-se ao excesso de catecolaminas no nódulo sino-arterial do coração e dos vasos sanguíneos, levando a uma redução da pressão arterial (Frishman, 2003). No entanto, de acordo com as directrizes da Sociedade Britânica de Hipertensão, os beta-bloqueadores foram despromovidos de tratamento de primeira linha para tratamento de quarta linha porque, ao contrário de outros medicamentos, não protegem contra o AVC. Os beta-bloqueadores habitualmente utilizados incluem o acebutolol, atenolol, bisoprolol, carvedilol, celiprolol, labetalol, metoprolol, nadolol, nebivolol, oxprenolol, pindolol e timolol.

Nos vários capítulos, a literatura é revista à luz da obesidade, do stress oxidativo, dos danos genéticos, da genotoxicidade do atenolol e dos marcadores genéticos moleculares ligados à hipertensão.

Referências

Abed, Y. e Abu-Haddaf, S. (2013). Factores de risco para a hipertensão nos centros de cuidados de saúde primários da UNRWA nas províncias de Gaza. *International Scholar Research Notices Epidemiology* **2013**: 1-9.

Beevers, G., Lip, G.Y. e O'Brien, E. (2001). ABCs da hipertensão. Medição da tensão arterial. Parte I - Esfigmomanometria: factores comuns a todas as técnicas. *BMJ* **2001**: 322:981.

Calhoun, D.A., Jones, D., Textor, S., Goff, D.C., Murphy, T.P., Toto, R.D., White,A., Cushman, W.C., White, W., Sica, D., Ferdinand, K., Giles, T.D., Falkner, B. e Carey, R.M. (2008). Hipertensão resistente: diagnóstico, avaliação e tratamento. A scientific statement from the American Heart Association Professional Education Committee of the Council for High Blood Pressure Research. *Hipertensão:* **51(6)**:1403-1419.

Chobanian, A.V., Bakris, G.L., Black, H.R., Cushman, W.C., Green, L.A., Izzo, J.L.,Jones, D.W., Materson, B.J., Oparil, S., Wright, J.T. e Roccella, E.J. (2003). Seventh report of the joint national committee on the prevention, detection, assessment and treatment of high blood pressure. Evidence-Based Guideline for the Management of High Blood Pressure in Adults Report from the Panel Members Appointed to the Eighth Joint National Committee (JNC 8). *Hypertension* **42**: 1206-1252.

Conway, J. e Lauwers, P. (1960). Efeitos hemodinâmicos e hipotensivos da terapia de longo prazo com clorotiazida. *Circulação* **21**: 21-27.

Dabhade, S., Bhosle, D., Jadhav, A.H. e Atre, K. (2014). Estudo de farmacovigilância para monitorar reações adversas a medicamentos (RAMs) do medicamento anti-hipertensivo - Telmisartan em pacientes com hipertensão essencial. *Revista Internacional de Farmacologia e Toxicologia* **4(1)**: 11-18.

Dai, H., Wu, J.C., Tsai, R.T., Pan, W., & Hsu, W. (2013). T-HOD: um banco de dados de genes candidatos baseado na literatura para hipertensão, obesidade e diabetes. *Base de dados* **2**: 1-8.

Davila, E.P., & Hlaing, W.M. (2012). Co-morbidades de pacientes do departamento de emergência admitidos com hipertensão essencial na Flórida. *Annals Epidemiology* **17**:726-727.

Dustan, H.P. (1989). Bloqueadores dos canais de cálcio. Potenciais benefícios médicos e efeitos secundários. *Hypertension* **13**: I137.

Ehret, G.B. (2012). Estudos de associação de todo o genoma: a contribuição da genómica para a compreensão da pressão arterial e da hipertensão essencial.*Current* **HypertensionReports12**: 17-25.

Flack, J.M., Ferdinand, K.C. e Nasser, S.A. (2003). Epidemiology of Hypertension and Cardiovascular Disease in African Americans (Epidemiologia da hipertensão e das doenças cardiovasculares nos afro-americanos). *The Journal of Clinical Hypertension* **5**: 5-11.

Frishman, W.H. (2003). O papel evolutivo do cloridrato de diltiazem no tratamento cardiovascular. *Clinical Cardiology* **26**: IV-5-IV-9.

Directrizes indianas para a hipertensão III, "Gestão da hipertensão". *The Journal of Association of Physicians of India,* **61**: 18-23, 2003.

James, P.A., Oparil, S., Carter, B.L., Cushman, W.C., Dennison-Himmelfarb, C., Handler, J., Lackland, D.T., LeFevre, M.L., MacKenzie, T.D., Ogedegbe, O., Smith, S.C. Jr, Svetkey, L.P., Taler, S.J., Townsend, R.R., Wright, J.T. Jr, Narva, A.S., & Ortiz, E. (2014). Diretriz baseada em evidências para o manejo da hipertensão arterial em adultos: relatório dos membros do painel nomeados para o Oitavo Comitê Nacional Conjunto (JNC 8). *The Journal of the American Medical Association* **311**: 507-20.

Levy, D., Ehret, G.B., Rice, K., Verwoert, G.C., Launer, L.J., Dehghan, A., Glazer, N.L., Morrison, A.C., Johnson, A.D., Aspelund, T., Aulchenko, Y., Lumley, T., Kottgen, A., Vasan, R.S., Rivadeneira, F., Eiriksdottir, G., Guo, X., Arking, D.E., Mitchell, G.F., Mattace-Raso, F.U.S., Smith, A.V., Taylor, K., Scharpf, R.B., Hwang, S., Sijbrands, E.J.G., Bis, J., Harris, T.B., Ganesh, S.K., O'Donnell, C.J., Hofman, A., Rotter, J.I., Coresh, J., Benjamin, E.J., Uitterlinden, A.G., Heiss, G., Fox, C.S., Witteman, J.C.M, Boerwinkle, E., Wang, T.J., Gudnason, V., Larson, M.G., Chakravarti, A., Psaty, B.M. e Duijn, C.M. (2009). Estudo de associação genómica da tensão arterial e da hipertensão. *Nature Genetics* **41**:677-687.

Lim, S.S., Vos, T., Flaxman, A.D. e Danaei, G. (2012). Uma avaliação comparativa do risco de carga de doença e lesão atribuível a 67 factores de risco e grupos de factores de risco em 21 regiões, 1990-2010: uma análise sistemática para o Global Burden of Disease Study 2010. *Lancet* **380**: 2224-2260.

Mills, K.T., Bundy, J.D., Kelly, T.N., Reed, J.E., Kearney, P.M., Reynolds, K., Chen, J., & He, J. (2016). Disparidades globais na prevalência e controlo da hipertensão. Uma revisão sistemática de estudos de base populacional de 90 países. *Circulation* **134**: 441-450.

Opie, L., e Yusuf, S. (2005). Agentes bloqueadores beta. Em: Opie LH, Gersh B, editores. Drugs for the Heart. 6. Philadelphia, Pennsylvania: W.B. Saunders Company. pp. 1-32.

Patel, M., Patel, I., Yash, M., Patel, M. e Rathi Suresh, K. (2011). Um estudo observacional de base hospitalar de indivíduos diabéticos de tipo II de Gujarat. *Indian*

Journal of Health Population Nutrition **29**: 265-272.

Pilia, G., Chen, W.M., Scuteri, A., Orru, M., Albai, G. e Dei, M. (2006). Heritability of Cardiovascular and Personality Traits in 6,148 Sardinians. *PloS Genetics.* **2 :** e132.

Reddy, S.S., e Prabhu, G.R. (2005). Prevalência e factores de risco de hipertensão entre adultos num bairro de lata urbano, Tirupati, Andhra Pradesh. *Indian Journal of Community Medicine* **30**: 84-86.

Sagare, S.M., Rajderkar, S.S., & Girigosavi, B.S. (2011). Factores de risco modificáveis seleccionados na hipertensão essencial: um estudo de controlo de casos. *National Journal of Community Medicine* **2**: 9-13.

Saha, M.S., Sana, N.K. e Shaha, R.K. (2006). Perfil lipídico sérico de pacientes hipertensos na região norte do Bangladesh. *Journal of Biosciences* **14** : 93-98.

Simces, Z.L., Ross, S.E., & Rabkin, S. (2012). Diagnóstico de hipertensão e modificações de estilo de vida para seu gerenciamento.*British Columbia Medical* **Journal54**: 392398.

Singh, D., Akingbola, O., Yosypiv, I. e El-Dahr, S. (2012). Gestão de emergência da hipertensão em crianças. *Jornal Internacional de Nefrologia* **2012:** 1-15.

Sever, P.S. e Poulter, N.R. (1989). Uma hipótese para a patogénese da hipertensão essencial: os factores iniciadores. *Suplemento* **7** *do Journal of Hypertension*: S9-S12.

Sowers, J.R. (2002). Hypertension, angiotensin II, and oxidative stress. *New England Journal of Medicine* **346**: 1999-2001.

Stamler, J., Stamler, R. e Neaton, J.D. (1993). Systolic and diastolic blood pressure and cardiovascular risk: US population data. *Archives of Internal Medicine* **153**: 598-615.

Tabassum, N. e Ahmad, F. (2011). Papel das ervas naturais no tratamento da hipertensão.*Pharmacognosy* **Reviews5**: 30-40.

Terra, S.G. (2003). Bloqueadores dos receptores de angiotensina. Circulation **107** : e215-e216.

Capítulo 3

Obesidade e hipertensão

A obesidade geral e a obesidade central são factores causais importantes da hipertensão. Nas pessoas que sofrem de obesidade central, o aumento do risco de doenças cardiovasculares e de hipertensão é muitas vezes evidente (Narkiewicz, 2006). A vasodilatação inadequada, uma das consequências naturais do aumento da massa corporal, é um mecanismo importante da hipertensão associada à obesidade. O aumento da adiposidade visceral associado ao aumento excessivo de peso é responsável por 78% do risco de desenvolver hipertensão nos homens e 65% nas mulheres (Garrison *et al.*, 1987). Nas pessoas obesas, o tónus parassimpático diminui, a atividade do sistema nervoso simpático aumenta e o sistema renina-angiotensina-aldosterona é ativado, levando a um aumento da frequência cardíaca (Hall *et al.*, 1993). A disfunção do tecido adiposo na obesidade também conduz, em última análise, à hipertensão (Dorresteijn *et al.*, 2012).

A literatura dos últimos seis anos (a partir de 2009) que estabelece uma ligação entre a hipertensão e a obesidade é analisada a seguir:

A relação entre os índices de adiposidade do índice de massa corporal (IMC) e a relação cintura-quadril (RCQ) e a hipertensão arterial foi estudada por Sanya e colegas (2009) em 404 pessoas com idades compreendidas entre os 15 e os 85 anos (204 homens e 200 mulheres) que viviam em Ibadan, na Nigéria. Os resultados mostraram uma relação linear significativa entre o IMC e a RCQ e a pressão arterial dos participantes. Os valores do IMC e da RCQ foram significativamente ($p<0{,}05$) mais elevados nos doentes hipertensos do que nos normotensos.

Reddy *et al* (2010) estudaram a relação entre a obesidade geral e a adiposidade abdominal (RCQ) com a pressão arterial em 303 homens indianos não tratados e 357 mulheres indianas não tratadas. Foi observada uma relação linear consistente entre a pressão arterial média (PAM) e a pressão arterial média (PAM) com o IMC e a RCQ. No entanto, também foram observadas algumas diferenças entre os géneros: nos homens, o IMC e a RCQ foram ambos associados positivamente à pressão arterial, enquanto nas mulheres, apenas o IMC mostrou uma associação positiva.

Uma correlação positiva significativa entre a PAS e a PAD e o IMC, o perímetro da cintura e a RCQ foi estabelecida por Khalesi et al. (2012) em 183 primigestas hipertensas de Rasht, no Irão. A análise de regressão stepwise revelou que o IMC, o perímetro da cintura e a RCQ eram preditores significativos da hipertensão, enquanto a análise de regressão logística revelou que o perímetro da cintura era a variável antropométrica mais significativa associada ao risco de hipertensão.

Dados de 197 191 crianças com idades compreendidas entre os 7 e os 17 anos, recolhidos no âmbito de um inquérito nacional chinês, também revelaram que a pressão arterial era significativamente mais elevada nas crianças obesas. Bin *et al* (2013) também observaram uma prevalência significativamente mais elevada de tensão arterial elevada em crianças com excesso de peso e obesas. Num outro estudo com 163 indivíduos com idades compreendidas entre os 25 e os 70 anos, a tendência para a hipertensão e a diabetes aumentou com o aumento do IMC (Singh e Christina, 2013).

Um estudo semelhante mostrou que o IMC estava significativamente associado tanto à PAS como à PAD em homens e mulheres, enquanto a RCQ estava significativamente associada à PAD em homens e mulheres no distrito de Amritsar (Punjab) (Kaur *et al.*, 2013).

Shah *et al* (2013) referiram que o género, a obesidade e os antecedentes familiares apresentavam uma associação positiva com a hipertensão em 682 alunos com idades compreendidas entre os 12 e os 18 anos de Surat.

Foi observado um risco global acrescido de desenvolver hipertensão em 8 543 afro-americanos, hispânicos ou brancos não hispânicos que se tornaram obesos na idade adulta, em todos os géneros e grupos raciais/étnicos (Sugalia *et al.*, 2013). Foi também registado um risco global acrescido de hipertensão nas pessoas que ganharam peso na idade adulta. No entanto, este risco não existia nas pessoas que tinham mantido um peso normal.

O excesso de peso contribuiu significativamente para a hipertensão em 231 doentes hipertensos (138 homens e 93 mulheres) com idades compreendidas entre os 60 e os 80 anos, que viviam nas suas próprias casas no centro, leste e sul da Sérvia (Pantelic *et al.*, 2013). Os resultados também revelaram uma correlação estatisticamente significativa entre o IMC, a RCQ e a hipertensão ($p<0,05$).

Oni *et al* (2014) investigaram a relação entre obesidade e hipertensão em 130 pacientes nigerianos hipertensos e encontraram uma correlação negativa do IMC com a PAS e a PAD; os autores também observaram que a obesidade não estava sistematicamente associada a um mau controlo da hipertensão.

Nam *et al* (2015) encontraram uma associação positiva entre o IMC e a pressão arterial num inquérito transversal de base escolar a 952 adolescentes do ensino secundário de 11 escolas em Lima ou Callao, Peru, em 2014. Os autores concluíram que o excesso de peso e a obesidade estavam fortemente associados à pressão arterial em adolescentes.

Movahed et al (2016) estudaram a associação entre a hipertensão e a obesidade depois de ajustarem as comorbilidades em 6 195 744 pacientes das bases de dados Nationwide Inpatient Sample (NIS) para o ano de 1992 e 7 153 982 pacientes da mesma base de dados para o ano de 2002 e encontraram uma forte correlação entre a obesidade e a hipertensão depois de ajustarem o sexo, hiperlipidemia, idade, tabagismo, diabetes tipo 2 e insuficiência renal crónica, para ambos os anos.

Num estudo transversal de 20 194 participantes da população adulta rural chinesa em julho e agosto de 2007 e 2008, a prevalência de obesidade geral e central foi fortemente associada à hipertensão (Zhao *et al.*, 2016).

Referências

Bin, D., W, H., Wang, Z., Liu, J., & Ma, J. (2012). Tendências da pressão arterial e do índice de massa corporal em crianças e adolescentes chineses de 2005 a 2010. *American Journal of Hypertension* **26**: 997-1004.

Dorresteijn, J.A.N., Visseren, F.L.J. e Spiering, W. (2012). Mecanismos que ligam a obesidade à hipertensão. *Obesity Reviews* **13**: 17-26.

Garrison, R.J., Kannel, W.B., Stokes, J. (1987). Incidência e precursores da hipertensão em adultos jovens: o estudo Framingham Off-spring.**PreventiveMedicine16**: 235-251.

Hall, J.E., Brands, M.W., Dixon, W.N. e Smith, M.J. (1993). Hipertensão induzida pela obesidade. Função renal e hemodinâmica sistémica. *Hypertension* **22**: 292299.

Kaur, J., Singh, M., Batra, A.P.S., Garg, R., Kaur, M. e Punia, N. (2013). Variação da pressão arterial e da obesidade entre a população do distrito de Amritsar. Revista Internacional de Ciências Médicas Básicas e Aplicadas **3**: 113-121.

Khalesi, Z.B., Niknami, M. e Ghorbani, A. (2012). Previsão de hipertensão por parâmetros antropométricos em primigestas. *ARYA Atherosclerosis Journal (edição especial no tratamento nacional da hipertensão)* **8**: S169-S173.

Nam, E. W., Sharma, B., Kim, H. Y., Paja, D. J. V., Yoon, Y. M., Lee, S. H., Kim, J. K. (2015). Obesidade e hipertensão entre adolescentes em idade escolar no Peru. *Journal of Lifestyle Medicine* **5**: 60-67.

Narkiewicz, K. (2006). Diagnóstico e tratamento da hipertensão na obesidade. *Obesity Reviews* **7**: 155-162.

Movahed, M.R., Lee, J.Z., Lim, W.Y., Hashemzadeh, M. e Hashemzadeh, M (2016). Forte associação independente entre obesidade e hipertensão essencial. *Clinical Obesity*

6:189-92.

Oni, O.A., Idiao, J.O., & Ruegbukpe, V. (2014). Os efeitos da obesidade na hipertensão: Será que o aumento do índice de massa corporal equivale a um mau controlo persistente da hipertensão na Nigéria *International Journal of Medicine and Medical Sciences* **1**: 60-64.

Pantelic, S., Kostic, R., Djuraskovic, R., Uzunovic, S., Milanovic, Z., & Trajkovic, N. (2013). Relação entre aptidão física, IMC, RCQ e hipertensão em homens e mulheres idosos. *Slovenian Journal of Public Health* **52**: 275-284.

Reddy, K.K., Reddy, K.S.N., Papa Rao, A., Lalu Naik, J. e Anwar Basha, D. (2012). Associação de parâmetros antropométricos com pressão arterial em mulheres adultas urbanas de Andhra Pradesh. *Revista de Ciências da Vida* **4**: 107-111.

Sanya, A.O., Ogwumike, O.O., Ige, A.P. e Ayanniyi, O.A. (2009). Relação entre o rácio cintura-quadril e o índice de massa corporal e a pressão arterial de indivíduos no Governo Local do Norte de Ibadan. *African Journal of Physiotherapy and Rehabilitation Sciences* **1**: 7-11.

Shah, S.S., Dave, B.R., Sharma, A.A. e Desai, A.R. (2013). Prevalência de hipertensão e associação de obesidade com hipertensão entre crianças em idade escolar na cidade de Surat, oeste da Índia. *Jornal Online de Saúde e Ciências Afins* **12**: 1-5.

Singh, C.M.J. e Christina, A.S. (2013). Prevalência de excesso de peso e obesidade e sua associação com hipertensão e diabetes: um estudo entre a população de Manakkarambai do distrito de Thanjavur. *Revista Internacional de Ciências Médicas e Saúde Pública* **2**: 618-621.

Suglia, S.F., Clark, C.J., & Gary-Webb, T.L. (2013). Obesidade na adolescência, mudança de status de peso e hipertensão; Variações raciais / étnicas. *Hypertension* **61**: 290295.

Zhao, Y., Zhang, M., Luo, X., Yin, L., Pang, C., Feng, T., Ren, Y., Wang, B., Zhang,L., Li, L., Zhang, H., Yang, X., Han, C., Wu, D., Zhou, J., Shen, Y., Wang,C., Zhao, J. e Hu, D. (2016). Associação de categorias de obesidade e pressão arterial elevada numa população rural adulta chinesa.*Journal of Human Hypertension30*: 613-618.

Capítulo 4

Stress oxidativo e danos no ADN

Existe uma relação causal entre a hipertensão e o aumento do stress oxidativo, e sabe-se também que o stress oxidativo pode manifestar-se e manifesta-se em danos genéticos (Grossman, 2008). Num estado normal, as reacções fisiológicas, metabólicas e bioquímicas libertam espécies reactivas de oxigénio (ERO), que têm importantes funções fisiológicas mas que, devido à sua natureza reactiva, tendem a causar danos oxidativos nos lípidos das membranas celulares, nas proteínas e no ADN em excesso (Kehrer, 1993).

Num estado fisiológico normal, existem mecanismos homeostáticos que mantêm um equilíbrio entre os oxidantes endógenos e as defesas antioxidantes (Scandalios *et al.*, 1997), mas na hipertensão, ocorre um desequilíbrio entre os níveis de stress oxidativo e os antioxidantes (McIntyre *et al.*, 1999), resultando num aumento das ROS. A interação das ERO com as bases azotadas das cadeias de ADN pode resultar em modificações das bases ou dos açúcares, em ligações cruzadas covalentes ou em quebras de cadeias simples e duplas de ADN, conduzindo a lesões oxidativas do ADN (Loft e Poulson, 1996). As modalidades de tratamento disponíveis para a doença, que podem potenciar/reduzir o stress oxidativo, podem exacerbar ainda mais este efeito ou induzir diretamente uma resposta genotóxica.

A literatura da última década sobre o desequilíbrio oxidativo e os danos genéticos em doentes hipertensos é analisada a seguir:

Desequilíbrio oxidativo

Kashyup *et al* (2005) compararam os níveis de antioxidantes (SOD, glutatião peroxidase (GPx), glutatião reduzido, glutatião total, glutatião oxidado, tióis totais, tióis não proteicos, intermediários de azoto reativo, poder antioxidante total, vitamina A, ácido ascórbico e glutatião S-transferase) em 50 doentes hipertensos e 50 indivíduos normais. O estudo revelou que os níveis de antioxidantes estavam significativamente reduzidos nos doentes hipertensos. Os níveis de óxido nítrico e de atividade redutora do ferro no plasma (PIRA) também se encontravam significativamente reduzidos nos doentes hipertensos. Os níveis de colesterol total, LDL-C, malondialdeído (MDA), VLDL-C, ácido úrico e homocisteína plasmática eram significativamente mais elevados nos doentes hipertensos do que nos indivíduos normais.

A 8-hidroxi-2'-deoxiguanosina (8-OH-dG), um parâmetro de danos no ADN, foi significativamente aumentada por espécies reactivas de oxigénio em doentes hipertensos (n=38) em comparação com controlos normais (Lee *et al.,* 2005). No entanto, após dois meses de tratamento com carvedilol (um medicamento com efeitos antioxidantes conhecidos), o nível de danos no ADN foi significativamente reduzido nos doentes hipertensos.

Tandon *et al.* 2005 observaram um aumento significativo dos níveis séricos de malondialdeído (MDA) e uma diminuição significativa da atividade da superóxido dismutase em doentes hipertensos essenciais (n=50), em comparação com controlos da mesma idade e sexo (n=20). Os autores concluíram que um controlo adequado da pressão arterial, dos níveis de stress oxidativo e do estado antioxidante poderia ser melhorado através de uma terapia antioxidante.

Em 150 pacientes hipertensos e 120 controlos saudáveis normais, Nwanjo *et al* (2007) encontraram um aumento significativo dos níveis de stress oxidativo sob a forma de malondialdeído e uma diminuição significativa dos níveis de atividade antioxidante não enzimática sob a forma de vitamina E (a-tocoferol), vitamina C (ácido ascórbico) e glutatião reduzido (GSH). Os resultados implicam que a hipertensão está associada a um aumento do stress oxidativo e a uma diminuição da capacidade antioxidante.

Num estudo transversal que incluiu 31 doentes hipertensos e 35 indivíduos saudáveis,

Rodrigo *et al* (2007) encontraram uma forte associação entre os níveis de pressão arterial e os parâmetros de stress oxidativo do 8-Isoprostano plasmático e urinário. O estudo também revelou que os parâmetros de stress oxidativo da capacidade de redução férrica plasmática (FRAP) e do 8-Isoprostano eram significativamente ($p<0,001$) mais elevados nos doentes, enquanto o estado das enzimas antioxidantes eritrocitárias sob a forma de glutatião reduzido (GSH), glutatião oxidado (GSSG), superóxido dismutase, catalase (CAT) e glutatião peroxidase (GSH-Pa) era significativamente ($p<0,001$) mais baixo.

Num estudo semelhante, Khanna *et al* (2008) observaram um aumento significativo dos níveis de stress oxidativo sob a forma de malondialdeído e uma diminuição significativa dos níveis de atividade antioxidante sob a forma de enzimas, superóxido dismutase, glutatião e níveis de antioxidantes não enzimáticos (vitamina E, vitamina C) em doentes hipertensos (n=50) em comparação com os níveis de controlos normais (n=20). O tratamento anti-hipertensivo (50 mg de atenolol com 12,5 mg de hidroclorotiazida durante 3 meses) inverteu estes níveis.

No grupo de doentes hipertensos (n=32), os níveis de substâncias reactivas ao ácido tiobarbitúrico (PTBARS) e os parâmetros lipídicos (colesterol total, triglicéridos, LDL-C, VLDL-C) eram significativamente mais elevados do que no grupo de controlo normal e saudável (n=30) (Maharjan *et al.* ,2008). Os autores sugeriram que, dado que o stress oxidativo era significativamente mais elevado no estado de hipertensão, a manutenção de níveis óptimos de stress oxidativo nos doentes hipertensos seria útil para prevenir o aparecimento de doenças relacionadas com a hipertensão.

Paduraru *et al* (2008) estudaram os níveis de MDA, GSH, SOD, CAT e GPx em doentes hipertensos tratados, não tratados e limítrofes e em controlos normais. Referiram que, no grupo de doentes hipertensos não tratados e no grupo de doentes hipertensos limítrofes, as actividades da CAT e da GPx estavam significativamente reduzidas em comparação com os níveis do grupo de controlo. Após o tratamento com atorvastatina e captopril, a redução da atividade antioxidante normalizou em ambos os grupos.

A inflamação sistémica, como a concentração de proteína c-reactiva (hs-CRP), aumentou e o estado antioxidante total (TAS) diminuiu em 72 doentes com hipertensão essencial, em comparação com os níveis de 72 indivíduos de controlo normais (Kuklinska *et al.*, 2009).

Num grupo (32-66 anos) constituído por 70 doentes hipertensos e 86 indivíduos normotensos, Biswas e Kumar (2010) referiram que os níveis de malondialdeído e a atividade da anidrase carbónica eram significativamente mais elevados no grupo dos hipertensos, pelo que concluíram que o stress oxidativo estava aumentado nos doentes hipertensos.

Vasconcelos *et al* (2011) avaliaram o desequilíbrio redox em 20 indivíduos hipertensos e 21 controlos normais, analisando os níveis de SOD, CAT, GPx, GSH, vitamina C, transferrina, ceruloplasmina e grupos carbonilo. No grupo de doentes, os níveis de GPx e ceruplasmina foram significativamente mais elevados e os de CAT, GSH e MDA foram significativamente reduzidos, o que implica um desequilíbrio redox nos doentes hipertensos.

A atividade das enzimas antioxidantes (superóxido dismutase, glutatião e glutatião peroxidase) diminuiu e o stress oxidativo (níveis de MDA) aumentou significativamente nos doentes hipertensos em comparação com os controlos normais (Amanullah *et al.*, 2012).

10Gonenc *et al* (2012) estudaram os níveis de biomarcadores do stress oxidativo (MDA, TAC, NO, ADMA, 8-OHdH, NT e CoQ) em amostras de soro de 18 hipertensos com dipper, 20 hipertensos sem dipper e 22 controlos normais saudáveis. Os níveis de MDA foram significativamente mais elevados e os níveis de TAC significativamente mais baixos nos doentes hipertensos com e sem dipper, em comparação com os controlos normais. Por outro lado, nos hipertensos sem dipper, os níveis de ADMA e NT eram mais elevados e os níveis de CoQ10 eram mais baixos do que no grupo de controlo. Os autores concluíram que o stress oxidativo era significativamente mais elevado nos doentes hipertensos (dipper e não dipper) do que nos controlos.

Mera e Marcus (2012) investigaram os níveis de atividade da catalase, o malondialdeído sérico, a bilirrubina total, o ácido úrico e os níveis plasmáticos de vitamina C em três grupos de doentes hipertensos (n=71) Grupo B (PAS/PAD140-159/90-99mmHg), Grupo C (PAS/PAD160- 179/100-109mmHg) e Grupo D (PAS/PAD >180/110mmHg) em comparação com o Grupo A, constituído por controlos saudáveis e normais (n=40). Nos grupos A a D, o aumento da pressão arterial resultou numa diminuição significativa da atividade da catalase, enquanto os níveis de MDA aumentaram significativamente. Nos grupos B a D, os níveis de bilirrubina aumentaram e os níveis de hemoglobina diminuíram. Os níveis de vitamina C diminuíram significativamente nos grupos C a B em comparação com os níveis do grupo A. A disfunção endotelial indicada por estes resultados em doentes hipertensos pode conduzir à aterosclerose e a doenças cardiovasculares.

Num estudo semelhante, Padhy *et al* (2012) investigaram a carga oxidante sérica e os antioxidantes séricos (ensaio FRAP) em 96 doentes hipertensos subcategorizados com base na gravidade da hipertensão e em 96 controlos saudáveis normotensos. Em todas as categorias de doentes hipertensos, a carga oxidante sérica era significativamente mais elevada e os antioxidantes séricos (ensaio FRAP) significativamente mais baixos do que nos controlos. A associação positiva significativa observada entre a pressão arterial baixa, a pressão arterial baixa e a carga oxidante sérica, enquanto a associação negativa entre a pressão arterial baixa, a pressão arterial baixa e a capacidade antioxidante sérica demonstrou um possível papel importante do stress oxidativo na indução do estado de hipertensão grave.

Ahmed *et al* (2013) estudaram enzimas antioxidantes (Superóxido Dismutase (SOD),

Catalase e Glutationa Peroxidase) e marcadores de peroxidação lipídica em 25 normotensos, 15 pré-hipertensos e 25 hipertensos.

Em 2015, Annor e colegas descobriram que a pontuação do equilíbrio oxidativo (calculada a partir de 13 componentes pró-oxidantes e antioxidantes) estava inversamente associada à hipertensão.

Nakkeeran *et al* (2017) investigaram os níveis do perfil lipídico sérico, o estado antioxidante total e as substâncias reactivas ao ácido tiobarbitúrico (TBARS) e a hsCRP em 115 doentes com hipertensão essencial e 45 indivíduos de controlo normal. O estudo revelou um aumento significativo do perfil lipídico, das TBARS e da hsCRP e uma diminuição do colesterol HDL e dos níveis de antioxidantes nos doentes em comparação com os controlos normais. Os autores concluíram que a manutenção do equilíbrio lipídico e oxidativo pode ajudar a prevenir doenças associadas à hipertensão.

Referências

Ahmad, A., Singhal, U., Hossain, M. M., Islam, N., e Rizvi, I. (2013). O Papel das Enzimas Antioxidantes Endógenas e do Malondialdeído na Hipertensão Essencial. *Jornal de Investigação Clínica e de Diagnóstico: Jornal de Investigação Clínica e de Diagnóstico* ***7:*** 987-990.

Amanullah, M., Zaman, G.S., Rahman, J. e Rahman, S.S. (2012). Peroxidação lipídica e níveis de enzimas antioxidantes na hipertensão. *Free Radicals and Antioxidants* **2**: 12-18.

Biswas, U.K. e Kumar, A. (2010). Estudo do perfil lipídico, do stress oxidativo e da atividade da anidrase carbónica em doentes com hipertensão essencial. *Journal of Clinical and Diagnostic Research* **4**: 3414-3420.

Goneng, A., Haci§evki, A., Tavil, Y., Qengel, A., Torun, M. (2013). Estresse oxidativo em pacientes com hipertensão essencial: uma comparação de dippers e não-dippers. *Jornal Europeu de Medicina Interna* ***24:***139-44.

Grossman, E. (2008). Será que o aumento do stress oxidativo causa hipertensão? *Diabetes Care* **31**: S2185-S2189.

Kashyap, M.K., Yadav, V., Sherawat, B.S., Jain, S., Kumari, S., Khullar, M., Sharma, P.C. e Nath, R. (2005). Diferentes estados antioxidantes, poder antioxidante total e radicais livres na hipertensão essencial. *Molecular and cellular biochemistry* **277**: 89-99.

Kehrer, J. P. (1993). Radicais livres como mediadores de lesões e doenças dos tecidos. *Critical Reviews in Toxicology* **23** : 21-48.

Khanna, H.D., Sinha, M.K., Khanna, S. e Tandon, R. (2008). Stress oxidativo na hipertensão: associação com o tratamento anti-hipertensivo.*Indian Journal ofPhysiology* and **Pharmacology52** : 283-287.

Kuklinska, A.M., Mroczko, B., Musial, W.J., Sawicki, R., Kozieradzka, A., Waszkiewicz, E., Szmitkowski (2009). Proteína C-reactiva de alta sensibilidade e estado antioxidante total em doentes com hipertensão arterial essencial e dislipidemia. *Avanços em Ciências Médicas* **54**: 225-232.

Lee, J., Lee, M., Kim, J.U., Song, K.I., Choi, Y.S. e Cheong, S.S. (2005). O carvedilol reduz a 8-hidroxi-2'-deoxiguanosina plasmática na hipertensão ligeira a moderada. *Hypertension* **45** : 986-90.

Loft, S. e Poulsen, H.E. (1996). Estimativa dos danos oxidativos no ADN no homem a partir da excreção urinária de produtos de reparação.*Ata Biochimica* **Polonica45**:133-44.

Maharjan, B.R., Jha, J.C., Vishwanath, P., Alurkar, V.M. e Singh, P.P. (2008). Estado oxidante-antioxidante e perfil lipídico em pacientes hipertensos. *Jornal do Conselho de Investigação em Saúde do Nepal* **6**: 63-68.

McIntyre, M., Bohr, D.F. e Dominiczak, A.F. (1999). Função endotelial na hipertensão: o papel do anião superóxido. *Hypertension* **34** : 539-545.

Meera, K.S. e Marcus, S.R. (2012). Disfunção endotelial e stress oxidativo na hipertensão.*Asian Journal of Medical* **Research1**: 84-89.

Nakkeeran, M., Periasamy, S., Inmozhi Sivakamisundari, R., Ramya, P., & Kanagasabai, G. (2017). Estresse oxidativo, status antioxidante e níveis de Hs-CRP na hipertensão essencial. *Jornal de Ciências Médicas e Dentárias* **16**: 100-103.

Nwanjo, H.U., Oze, G., Okafor, M.C., Nwasu, D. e Nwankpa, P. (2007). Stress oxidativo e estado antioxidante não enzimático em pacientes hipertensos na Nigéria. *Jornal Africano de Biotecnologia* **6**: 1681-1684.

Padhy, R.K., Acharya, S.S., Devi, N., Rattan, R., & Mahapatra, S. (2012). Associação de baixo status antioxidante com hipertensão: causa ou consequência. *Organização Internacional de Investigação Científica Journal of Pharmacy and Biological Sciences* **3**: 13-18.

Paduraru, I., Paduraru, O., Jerca, L. e Patra§canu, S. (2008). Alterações nos parâmetros de stress oxidativo em relação às alterações do perfil lipídico na hipertensão arterial. *Farmacia* **3** : 1-7.

Rodrigo, R., Prat, H., Passalacqua, W., Araya, J., Guichard, C. e Bachler, J.P. (2007). Relação entre o stress oxidativo e a hipertensão essencial. *Hypertension Research* **30** : 1159-1167.

Scandalios, J. G. (1997). Molecular genetics of superoxide dismutases in plants. Em Oxidative Stress and the Molecular Biology of Antioxidative Defenses. (J.G. Scandalios, eds) pp. Plainview, Cold Spring Harbor **1**:527-568.

Tandon, R., Sinha, M.K., Garg, H., Khanna, R. e Khanna, H.D. (2005). Stress oxidativo em doentes com hipertensão essencial. *Jornal Médico Nacional da Índia* **18** : 297-299.

Vasconcelos, S.M.L., Goulart, M.O.F., da Silva, M.A.M., Manfredini, V., da Silveira Benfato, M., Rabelo, L.A. e Fontes, G. (2011). Marcadores de Desequilíbrio Redox no Sangue de Pacientes Hipertensos de uma Comunidade do Nordeste do Brasil. *Arquivos*

Brasileiros de Cardiologia **97**: 141-47.

Capítulo 5

Hipertensão e danos genéticos

Todos os estudos disponíveis na literatura sobre danos genéticos na hipertensão são aqui revistos:

Um estudo muito antigo de Pero *et al* (1976) revelou que os danos cromossómicos induzidos pelo N-acetoxi-2-acetilaminofluoreno (NA-AAF) estavam linearmente relacionados com a pressão arterial diastólica. Num estudo realizado na Tanzânia em doentes hipertensos não tratados com idades compreendidas entre os 46 e os 58 anos, os níveis de 8-hidroxi-2'-deoxiguanosina (8- OHdG) urinária, um marcador de danos oxidativos no ADN, eram significativamente mais elevados do que nos controlos (Hiroko *et al.*, 2001).

Em comparação com os controlos normais, os níveis de danos no ADN (apresentados em unidades arbitrárias) foram significativamente ($p<0,001$) mais elevados, ou seja, 1,54 vezes mais elevados em doentes com bata branca e 3,41 vezes mais elevados em doentes com hipertensão sustentada (Yilidz *et al.*, 2008). Enquanto a taxa total de

O estado antioxidante (SAR) foi significativamente reduzido em ambos os grupos de doentes em comparação com os níveis do grupo de controlo. No entanto, dentro dos grupos de doentes, os doentes hipertensos sustentados apresentavam os danos mais elevados no ADN e os níveis mais baixos de SAR.

Os níveis urinários de 8-OHdG foram significativamente mais elevados tanto em doentes hipertensos recém-diagnosticados não tratados (n=30) como tratados (n=75) em comparação com indivíduos de controlo normais (n=75) do Sul da Índia. Os níveis do estado antioxidante total (TAS) foram significativamente reduzidos em ambos os grupos de doentes em comparação com os níveis dos controlos normotensos. Após um ano de tratamento anti-hipertensivo, registou-se uma redução significativa dos níveis de 8-OHdG

(Subash *et al.*, 2010a). Num outro estudo, Subhas *et al.* 2010 (b) investigaram o índice de danos no ADN (DI) através do ensaio SCGE e os níveis de SBT em 30 doentes hipertensos recentemente diagnosticados, 50 em tratamento anti-hipertensivo e 50 controlos normotensos. Os seus resultados mostraram que o DI foi significativamente ($p<0,05$) mais elevado e os níveis de SBT foram significativamente reduzidos tanto nos doentes hipertensos recém-diagnosticados como nos tratados, em comparação com os controlos. Entre os grupos de doentes, o nível de danos no ADN foi significativamente mais elevado nos doentes recém-diagnosticados. Foi observada uma associação significativa de danos no ADN apenas com a SAD.

Gandhi e Jyoti (2010) investigaram os parâmetros de danos no ADN, nomeadamente as células da cauda e o comprimento da migração do ADN, utilizando a eletroforese em gel alcalino de célula única (SCGE)/ensaio Comet em doentes hipertensos tratados (n=35) em comparação com controlos normotensos (n=15); os autores referiram que ambos os parâmetros de danos no ADN eram estatisticamente mais elevados no grupo de doentes em comparação com os parâmetros do grupo de controlo. A associação dos danos no ADN com os níveis de pressão arterial sistólica e diastólica foi revelada por análise de regressão múltipla e análise de variância.

Os níveis de 8-OHdG como marcador de danos oxidativos no ADN foram avaliados por Kiykim e colegas (2012) em 49 doentes hipertensos recentemente diagnosticados e não tratados e em 20 indivíduos de controlo normais com idade e sexo equivalentes. Os resultados revelaram que os níveis de 8-OHdG eram significativamente mais elevados nos doentes hipertensos do que nos controlos normais. Mas após o tratamento com olmesarten (20-40mg/dia) durante 4 semanas, verificou-se uma redução significativa dos níveis de 8-OHdG; no entanto, os níveis continuavam a ser mais elevados do que nos controlos normais.

Num estudo de caso-controlo, Kaur *et al* (2011) documentaram níveis significativamente mais elevados do índice de stress oxidativo e de todos os parâmetros de danos no ADN (utilizando um ensaio de eletroforese em gel alcalino de célula única) em doentes hipertensos tratados, em comparação com os níveis dos controlos normais, enquanto os níveis da capacidade antioxidante total (TAC) estavam significativamente reduzidos no grupo de doentes. Todos os parâmetros de danos no ADN estavam igualmente correlacionados com a pressão arterial sistólica.

Num estudo semelhante, Thukral e Gandhi (2012) referiram que a percentagem de ADN na cauda e os níveis de MDA eram significativamente mais elevados em doentes hipertensos tratados com atenolol (n=22) do que em controlos saudáveis (n=10) de *Punjab,* e sugeriram que a instabilidade genómica observada poderia ser uma consequência do stress oxidativo.

Nas subpopulações *Baniya* e *JatSikh*, os danos no ADN (comprimento de migração do ADN, frequência de danos e índice de danos) também foram significativamente mais elevados nos doentes hipertensos (n=44) do que nos indivíduos saudáveis (n=28) (Thukral *et al.*, 2012). A dislipidemia foi também significativamente mais elevada nestes doentes.

Noutro estudo realizado em Punjab, Kaur e Gandhi (2013) relataram danos significativamente mais elevados no ADN dos leucócitos, observados através do ensaio de eletroforese em gel alcalino de célula única (SCGE) em 75 doentes hipertensos tratados com atenolol, em comparação com 25 controlos normais da mesma idade e sexo.

Num estudo preliminar semelhante, em doentes hipertensos essenciais tratados com atenolol e em controlos normotensos do subgrupo populacional *Jat Sikh Punjabi*, os danos oxidativos no ADN avaliados através do ensaio cometa enzimático modificado, bem como o estado oxidativo e os níveis de malondialdeído, aumentaram significativamente no grupo de doentes, enquanto a capacidade antioxidante total diminuiu significativamente. O perfil lipídico dos doentes também foi alterado: os níveis de colesterol total, LDL-C, VLDL-C e triglicéridos aumentaram significativamente, enquanto os níveis de HDL-C diminuíram significativamente (Kaur e Gandhi, 2014).

Os níveis de danos no ADN (ND) e a sensibilidade aos mutagénicos foram significativamente mais elevados nas células do pulmão e do sangue de doentes com hipertensão pulmonar e dos seus familiares não afectados, em comparação com indivíduos de controlo normais não relacionados (Federici *et al.*, 2015).

Referências

Federici, C., Drake, K.M., Rigelsky, C.M., McNelly, L.N., Meade, S.L., Comhair,S.A., Erzurum, S.C. e Aldred, M.A. (2015). Aumento da sensibilidade ao mutagénio e danos no ADN na hipertensão arterial pulmonar.*American Journal of Respiratory and Critical Care Medicine* **192**: 219-228.

Gandhi, G. e Jyoti, J. (2010). Avaliação dos danos no ADN em leucócitos do sangue periférico de doentes com hipertensão essencial através do ensaio do cometa alcalino. *Cytologia* **75** : 131-140.

Hiroko, N., Katsumi, I., Sachiko, K., Takanori, N., Tomo, N., Marina, N., Longjian, L., Tomohiro, M., Yasuo, N., Toshiaki, S., Yohana, M., Jacob, M. e Yukio, Y. (2001). A relação entre os danos oxidativos no ADN e a hipertensão e outros factores de risco cardiovascular na Tanzânia. *Journal of Hypertension* **19**: 529-533.

Kaur, T. e Gandhi, G. (2013). Avaliação de danos no DNA em pacientes hipertensos essenciais usando o ensaio de eletroforese em gel de célula única (SCGE). *Jornal de Investigação de Ciências Farmacêuticas, Biológicas e Químicas* **4**: 403-410.

Kaur, T. e Gandhi, G. (2014). Danos oxidativos ao DNA e estado oxidativo em pacientes hipertensos - Um estudo preliminar. *Revisão de Biologia Humana* **3**: 192-201.

Kaur, T., Abrol, S. e Gandhi, G. (2011).Oxidative Stress and Genomic Damage in Treated Hypertensive Patients and Normotensive Individuals. *South Asian Anthropologist*

11: 157-163.

Kiykim, A., Seyhanli, M., Turg utalp, K., Horoz, M. e Ozcan, T. (2012). Danos oxidativos ao DNA em pacientes recém-diagnosticados e não tratados com hipertensão isolada: o efeito agudo de Olmesarta. *Turkish Nephrology, Dialysis and Transplantation Journal* **21**: 60-65.

Pero, R.W., Bryngelsson, C., Mitelman, F., Thulin, T. e Norden, A. (1976). Pressão arterial elevada relacionada com a síntese de ADN não programada induzida por carcinogéneos, ligação de carcinogéneos ao ADN e aberrações cromossómicas em linfócitos humanos. *Actas da Academia Nacional de Ciências dos Estados Unidos da América.*

73 : 2496-2500.

Subash, P., Gurumurthy, P., Sarasabharathi, A. e Cherian, K.M. (2010a). Urinary 8-OHdG : um marcador do stress oxidativo do ADN e do estado antioxidante total na hipertensão essencial com a população do Sul da Índia. *Indian Journal of Clinical Biochemistry* **25** : 127-132.

Subash, P., Premagurumurthy, K., Sarasabharathi, A. e Cherian, K.M. (2010b). Total antioxidant status and oxidative DNA damage in a South Indian population of essential hypertensives. *Journal of Human Hypertension* **24**: 475-482.

Thukral, K. e Gandhi, G. (2012). Instabilidade genómica e peroxidação lipídica em doentes com hipertensão essencial tratada. *Jornal Internacional de Ciências da Vida e Investigação Farmacêutica* **2:** 67-75.

Thukral, K., Sharma, R., Chandey, M., & Gandhi, G. (2012). Hipertensão essencial, danos ao DNA e dislipidemia em dois grupos étnicos. *Jornal Internacional de Genética Humana* **12**: 105-111.

Yildiz, A., Gur, M., Yilmaz, R., Demirbag, R., Qelik, H., Aslan, M. e Kogyigit, A.

(2008). Danos no ADN dos linfócitos e estado antioxidante total em doentes com hipertensão do avental branco e hipertensão sustentada. *Arquivos da Sociedade Turca de Cardiologia* **36**: 231-238.

Capítulo 6

Atenolol e genotoxicidade

Os estudos existentes na literatura sobre os efeitos genéticos nocivos do atenolol são todos revistos:

Loannides *et al.* -1-1(1979) administraram doses únicas diárias (5 mg, 50 mg e 150 mg kg dia) de cinco agentes bloqueadores dos receptores beta-adrenérgicos (propranolol, practolol, pronetanol, acebutolol, atenolol) durante três dias para estudar o efeito destes medicamentos sobre a atividade de várias enzimas hepáticas do rato (bifenil-2-hidroxilase microssomal, etoxiresorufina destilase e numerosas funções mistas de enzimas oxidase). A dose terapêutica normal (5mg/kg) de nenhum dos agentes bloqueadores beta-adrenérgicos (incluindo o atenolol) mostrou um efeito indutor nos microssomas hepáticos.

Três beta-bloqueadores, incluindo DL-1-(2-nitro-3-metil-fenoxi)-3-test-butilamino-propan-02-ol, DL-1-(2-nitro-5-metil-fenoxi)-3-test-butilamino-propan-2-ol e DL-propranolol, induziram *in vitro* uma fragmentação do ADN dependente da dose de núcleos isolados de fígados de ratos Wistar machos e fêmeas no ensaio de gradiente alcalino de sacarose, ao passo que o DL-atenolol não o fez. A administração *in vivo* de DL-propanolol também causou danos no ADN em células do fígado de ratos Wistar fêmeas, mas não foram observados danos quando tratados com DL-atenolol (Presta *et al.* 1983).

Nos ratos, o tratamento durante 5 dias com beta-bloqueadores (atenolol, practolol, pronetanol e propranolol) numa dose de 150 mg/kg/dia induziu um aumento acentuado da atividade da guanilato ciclase no fígado e na mucosa gástrica e intestinal. O tratamento foi também associado a uma diminuição dos níveis de monofosfato de guanosina cíclico (GMP). No entanto, não se verificou qualquer alteração na relação

AMPc/GMP, pelo que se levantou a hipótese de a oncogenicidade dos agentes bloqueadores beta não se dever à sua ação farmacológica (Okine e colegas, 1983a).

Num outro estudo, Okini et al (1983b) avaliaram o potencial mutagénico de nove agentes bloqueadores beta-adrenérgicos, incluindo o atenolol, utilizando os testes de *Ames* e de micronúcleos. Os autores concluíram que a atividade dos agentes bloqueadores beta-adrenérgicos não estava associada a potencial mutagénico ou carcinogénico.

Bandyopadhyay *et al* (1990) estudaram as interacções citotóxicas de compostos cardioactivos catiónicos anfifílicos, como o propranolol, o verapamil, o sotalol, o atenolol e a procainamida, sob a forma de libertação de lactato desidrogenase em hepatócitos de ratos. Mesmo após 24 horas de incubação a uma concentração de 400pmol/L, observou-se que o sotalol, o atenolol e a procainamida não induziram alterações ultra-estruturais nos hepatócitos.

Rabbiano *et al* (1991) estudaram a formação e os efeitos genotóxicos dos derivados N-nitroso de seis agentes bloqueadores beta-adrenérgicos (atenolol, metoprolol, nadolol, oxprenolol, propranolol e sotalol) em hepatócitos de ratos e humanos. O estudo revelou que os derivados N-nitroso do atenolol e do metoprolol, mesmo na concentração solúvel mais elevada de 1 mM, não eram tóxicos para os hepatócitos de ratos e humanos, e que os mesmos resultados foram obtidos com os beta-bloqueadores parentais do atenolol e do metoprolol.

As concentrações medianas de propranolol, alprenolol, metoprolol, pindolol, acebutolol e atenolol induziram dismorfogénese em 50% dos embriões de ratos (EC50) (Klug *et al.* 1994). Em comparação com o atenolol, o propranolol e o metoprolol demonstraram ter um maior potencial para interferir com o desenvolvimento embrionário normal.

O efeito clastogénico *in vivo* dos N-nitrosoderivados formados pela reação *in vitro* de cinco fármacos beta-bloqueadores (propranolol, metoprolol, nadolol, atenolol e sotalol) com nitrito de sódio foi testado em ratos parcialmente hepatectomizados que receberam uma dose de 100 mg/kg dos cinco nitroderivados por gavagem (Martelli *et al.,* 1994). Os resultados mostraram um aumento estatisticamente significativo da frequência de hepatócitos micronucleados, exceto na medula óssea ou no baço. Os autores sugeriram que houve provavelmente uma desintoxicação *in vivo* dos cinco derivados n-nitro.

Zavanella *et al* (1994) estudaram a atividade tumoral do propranolol e do atenolol em ratos Fischer machos e fêmeas, utilizando um protocolo de hepatocarcinogénese em duas fases, e observaram que o propranolol ou o atenolol não induziram lesões pré-neoplásicas ou neoplásicas espontâneas. Mesmo em ratos submetidos a DEN e aos quais foi administrado atenolol, não se registou qualquer promoção de tumores hepáticos.

Telez *et al* (2000) estudaram a genotoxicidade *in vivo* e *in vitro* do atenolol em termos da sua capacidade de induzir a troca de cromátides irmãs (SCE) e micronúcleos (MN) em culturas de linfócitos do sangue periférico (PBL). A avaliação *in vivo* foi realizada em doentes tratados com o medicamento anti-hipertensor atenolol e, para a avaliação da genotoxicidade *in vitro*, o atenolol foi adicionado a uma cultura de PBL de controlo normal a uma concentração semelhante à presente no plasma. Nos estudos *in vivo* e *in vitro*, a frequência de ECS não diferiu entre os grupos, mas a frequência de ND foi significativamente mais elevada nos doentes do que nos controlos. Sugeriu-se que o atenolol agiu provavelmente como um aneugen, porque a exposição crónica ao atenolol resultou principalmente na perda de cromossomas.

Tabacova *et al* (2003) avaliaram o atraso do crescimento intrauterino como um marcador da toxicidade pré-natal do atenolol em seres humanos, ratos e coelhos. Os resultados mostraram que a toxicidade pré-natal nos seres humanos era maior com doses mais baixas de atenolol do que nos ratos e coelhos.

Amin estudou 30 doentes hipertensos e encontrou uma associação entre os níveis séricos de creatina quinase MB e o tratamento com atenolol. O estudo mostrou que o aumento dos níveis séricos de creatina quinase MB era diretamente proporcional à duração da utilização do medicamento (Amin, 2009). Como a creatina quinase MB é um dos marcadores cardíacos libertados pelos músculos do coração quando estes são danificados por um enfarte, o autor propôs uma correlação direta entre o atenolol e o desenvolvimento da doença (enfarte do miocárdio).

Na sequência do seu trabalho anterior, em 2010, Telez *et al.* estudaram linfócitos humanos do sangue periférico de 11 pacientes hipertensos e 9 controlos normais para determinar a genotoxicidade do atenolol através da observação de aberrações cromossómicas e da expressão de sítios frágeis (FS). Os resultados mostraram que o atenolol induziu aberrações cromossómicas estruturais, mas sem efeito citotóxico com base no índice mitótico.

Jangala *et al* (2012) estudaram o efeito do atenolol em *Allium cepa.* administrando quatro tratamentos de 10 pg/ml de atenolol: dois tratamentos de 2h, 3h e 17h em meristemas de raiz de *A. cepa.* O estudo revelou que os quatro tratamentos induziram aberrações, tais como perturbação da metáfase-anáfase, quebras cromossómicas induzidas, pontes, aderências, micronúcleos, poliploidia, deslocação cromossómica e condensação em *Allium cepa.*

Rocco et al. (2012) realizaram o ensaio cometa, o ensaio de difusão, o ensaio TUNEL e as técnicas de RAPD-PCR em 40 amostras de sémen para estudar os efeitos *in vitro* de nove compostos farmacológicos (atorvastatina, citrato de sildenafil, gemfibrozil, ibuprofeno, atenolol, ofloxacina, carbamazepina, bezafibrato e diclofenac) presentes em estações de tratamento de águas residuais italianas.... Os nove compostos induziram um aumento significativo dos valores de fragmentação e uma diminuição da integridade do ADN dos espermatozóides.

A técnica RAPD-PCR foi realizada em 150 ratinhos albinos suíços para estudar o efeito genotóxico da amlodipina, do atenolol e do captopril na fosfatase alcalina e no ADN genómico das células do rim, do fígado e do baço (Claude *et al.,* 2013). A atividade da fosfatase alcalina foi aumentada nas células do fígado, do baço e do rim pelos três fármacos, enquanto os danos no ADN foram induzidos apenas pela amlodipina nas células do fígado, do baço e do rim. No entanto, o atenolol e o captopril não induziram danos no ADN.

Gomez-Martinet *al.* (2014) estudaram a saturação de ácidos gordos da membrana e o stress oxidativo nas mitocôndrias do coração e do músculo esquelético de 134 ratinhos em resposta ao tratamento com atenolol e encontraram adiposidade visceral, diminuição da oxidação mitocondrial, da glicação e da lipoperoxidação em resposta ao tratamento com atenolol em ambos, O tratamento com atenolol também reduziu os danos oxidativos do ADN no músculo cardíaco, aumentando a quantidade de sinalização da proteína quinase regulada por sinal extracelular e diminuiu a saturação de ácidos gordos da membrana ou o stress oxidativo no músculo cardíaco e esquelético.

Referências

Amin, I.A. (2009). O efeito do atenolol nos níveis de CK-MB em pacientes hipertensos. *Iraqi Journal of Pharmaceutical Sciences* **18**: 61-64.

Bandyopadhyay, S., Klaunig, J.E. e Somani, P. (1990). Interacções citotóxicas de compostos anfifílicos catiónicos cardioactivos em hepatócitos primários de rato em cultura. *Hepatologia* **12**:48-58.

Claude, N.M., Cyrille, M., Simeon, K.F., Hyppolite, N.N., Jacques, T., Onana, A. Effect of Some Antihypertensive Drugs on Alkaline Phosphatase and DNA of Mice. *Jornal Internacional de Farmacologia Clínica e Toxicologia* 2167-910X-02- 301.

Gomez-Martin, A., Altakroni, B., Lozano-Paniagua, D., Margison, G.P., de Vocht, F., Povey, A.C. e Hernandez, A.F. (2014). Aumento dos adutos de DNA de N7-metildeoxiguanosina após exposição ocupacional a pesticidas e influência dos polimorfismos genéticos da paraoxonase-1 e da glutationa S-transferase M1 e T1. *Mutagénico Molecular Ambiental10*: 1-9.

loannides, C., Okjne, L. e Parke, D.V. (1979). Effects of beta-adrenoceptor antagonists on the hepatic mixed-function oxygenases in the rat (proceedings). *British Journal of Pharmacology* **67**: 451P-452P.

Jangala, M., Manche, S., Mudigonda, S., Raja, M.K., Sangras, B.R. e Konagurtu, V. (2012). Avaliação da citotoxicidade do Atenolol em *Allium cepa.* L. *International Journal of Toxicology and Applied Pharmacology* **2**: 18-24.

Klug, S., Thiel, R., Schwabe, R., Merker, H.J. *e* Neubert, D. (1994). Toxicidade dos beta-bloqueadores em cultura de embriões de ratos inteiros: relações concentração-resposta e concentrações nos tecidos. *Archives of* **Toxicology68**: 375-384.

Martelli, A., Allavena, A., Sottofattori, E. e Brambilla, G. (1994). Baixa atividade clastogénica *in vivo* dos derivados N-nitroso de fármacos bloqueadores 50-adrenérgicos que se revelaram potentes genotoxinas *in vitro. Toxicology Letters* **73** : 185-91.

Okine, L.K.N., Ioannides, C. e Parke, D.V. (1983a). Estudos sobre a possível mutagenicidade dos fármacos bloqueadores beta-adrenérgicos. *Toxicology Letters* **16** : 167-74.

Okine, L.K.N., Ioannides, C. e Parke, D.V. (1983b). Effect of some beta-adrenergic-blocking agents on tissue guanylate cyclase and cyclic nucleotides in the rat. *Toxicology Letters* **18** : 235-40.

Presta, M., Mazzocchi, C., Ziliani, S. e Ragnotti, G. *(1983).* Danos *in vitro* e *in vivo no* ADN de núcleos hepáticos de ratos machos e fêmeas por beta-bloqueadores oncogénicos e não oncogénicos. *Journal of National Cancer Institute* **70**: 747-752.

Rabbiano, L., Martelli, A., Allavena, A., Mazze, M., Gazzaniga, G.M. e Brambilla, G. (1991). Formação de derivados N-nitroso de seis agentes bloqueadores p-adrenérgicos e seus efeitos genotóxicos em hepatócitos de ratos e humanos. *Cancer Research* **51**: 2273-79.

Rocco, L., Peluso, C., Cesaroni, F., Morra, N. e Cesaroni, D. (2012). Danos Genómicos em Células de Esperma Humano Expostas In Vitro a Poluentes Ambientais. *Journal of Environment Analytic Toxicology* **2** : 2-7.

Tabacova, S., Kimmel, C.A., Wall, K. (2003). Deborah Hansen. Atenolol developmental toxicity: Animal-to-human comparisons. *Birth Defects Research Part A: Clinical and Molecular Teratology* **67**: 181-192.

Telez, M., Eduardo, O.L., Gonzalezc, A.J. e Floresd, P. (2010). Avaliação da genotoxicidade do atenolol em linfócitos do sangue periférico humano: Correlação entre fragilidade cromossómica e conteúdo de micronúcleos. *Mutation Research* **695** : 46-54.

Telez, M., Martinez, B., Criado, B., Lostao, C.M., Penagarikano, O. e Ortega, B. (2000). Avaliação in vitro e in vivo do fármaco anti-hipertensivo atenolol em cultura de linfócitos humanos: efeitos da terapia a longo prazo. *Mutagénese* **15**: 195202.

Zavanella, T., Radaelli, G., Girotti, P., Arias, E., Ameri, L., Presta, M., Mazzoleni, G. e Ragnotti, G. (1994). Avaliação da atividade tumoral de dois agentes bloqueadores dos adrenoreceptores P, propranolol e atenolol, no fígado de ratos Fischer 344. *Carcinogénese* **15**: 2531-39.

Capítulo 7

Hipertensão e polimorfismo genético

Os polimorfismos nos genes do citocromo P450 *(CYP450)* e da glutationa S-transferase *(GST)* foram seleccionados com base na sua relevância funcional, quer na regulação da pressão arterial, quer na resposta a fármacos anti-hipertensores ou no controlo metabólico do stress oxidativo.

CYP2D6 e *GST* são dois genes importantes que codificam enzimas envolvidas no metabolismo de fármacos e xenobióticos. Sabe-se que as variações nestes genes modificam a suscetibilidade de um indivíduo à doença e/ou a genotoxicidade de um tratamento medicamentoso.

O polimorfismo *CYP2D6 *2, *4, *10* está também associado a uma diferença nos níveis de hemoglobina no sangue.
O polimorfismo da GST pode também influenciar a resposta da pressão arterial a diferentes fármacos anti-hipertensores, nomeadamente aos beta-bloqueantes (Yuan *et al.*, 2008; Ayyappadhas *et al.*, 2015). Entre as enzimas de fase II, as GST estão entre as mais importantes enzimas de desintoxicação e têm mostrado uma associação com a hipertensão (Oniki *et al.*, 1983; Eslami e Sahebkar, 2014). Os polimorfismos nos genes *da GST* desempenham um papel importante no metabolismo dos xenobióticos (http://www.ncbi.nlm.nih.gov/gene/2950accessed em 11 de setembro de 2017).

Por conseguinte, a literatura disponível sobre a pesquisa de polimorfismos dos genes *CYP2D6* e *GST* em doentes hipertensos a partir de 2006 é analisada a seguir:

Polimorfismos do gene *CYP2D6*

Em 218 pacientes hipertensos, as concentrações plasmáticas de D-nebivolol e L-nebivolol aumentaram dez vezes e quinze vezes nos metabolizadores pobres (PM) em comparação com os metabolizadores extensos (EM) em termos de resposta clínica ao tratamento com nebivolol (Lefebvre *et al.,* 2006). No entanto, a resposta da pressão arterial ao nebivolol foi comparável em pacientes hipertensos ME e PM.

Zateyshchikov *et al* (2007) estudaram a resposta clínica ao betaxolol (um bloqueador beta-1 adrenérgico) em 81 doentes hipertensos essenciais em associação com polimorfismos nos genes *CYP2D6* e *ADRB1.* O estudo revelou uma associação significativa entre a variante Pro34Ser do *CYP2D6* e a resposta ao tratamento com betaxolol. Os autores sugerem que a variabilidade dos genes envolvidos no metabolismo do fármaco modifica significativamente o efeito do fármaco na frequência cardíaca e na pressão arterial.

Liu e colegas (2007) verificaram que *o CYP2D6*10* alterava significativamente a farmacocinética e que *o ADRB-1* (Ser49Gly e Gly389Arg) alterava a farmacodinâmica do tratamento anti-hipertensivo com metoprolol em 125 doentes chineses com hipertensão ligeira a moderada. Os níveis de metoprolol foram associados à variante *CYP2D6*10* de acordo com o efeito da dose no gene. Os níveis de pressão arterial foram significativamente reduzidos nos portadores de *ADRB-1* de Gly49 e Arg389.

A mesma dose de metoprolol teve efeitos terapêuticos diferentes em 300 doentes chineses com hipertensão essencial e diferentes polimorfismos dos genes *CYP2D6 (*2, *5, *10)* e *ADRB-1.* A redução da pressão arterial sistólica foi significativamente diferente nos metabolizadores intermédios e extensivos e nos metabolizadores pobres e extensivos (Yuan *et al.,* 2008). Foi maior nos metabolizadores intermédios, seguidos pelos metabolizadores pobres, enquanto os metabolizadores extensivos apresentaram a menor redução da pressão arterial sistólica.

Shin *et al* (2012) investigaram a associação do desenvolvimento de hipertensão essencial em 527 indivíduos hipertensos e 663 controlos saudáveis não relacionados com os polimorfismos genéticos *CYP2C19*2* (681G>A) e **3* (636G>A). Os autores observaram que o alelo *CYP219*3* (636G) protegia contra a hipertensão, enquanto o alelo

*CYP2C19*3* (636A) estava associado à tensão arterial.

Num estudo de Borodulin *et al* (2012), a frequência das variantes alélicas do *CYP2D6* (G1934A) e do *CYP2C9* (A1075C, C430T) foi significativamente mais elevada nos doentes hipertensos.

A genotipagem *do CYP2D6* (*1, *4) revelou uma maior frequência do genótipo de tipo selvagem 1/1 e uma menor frequência do genótipo mutante 4/4 em 123 casos de hipertensão em comparação com 429 indivíduos saudáveis no Egipto (Ali *et al.*, 2013).

O metabolismo do metoprolol dependente do genótipo *CYP2D6* foi analisado pela meta-análise de Blake *et al* (2013) para determinar a relação entre a farmacocinética do metoprolol e os fenótipos dos metabolizadores *CYP2D6.* Para os metabolizadores extensivos, pobres e ultra-rápidos, registaram-se diferenças significativas na concentração plasmática de metoprolol, na área sob a curva de concentração-tempo e no semi-período de eliminação.

Duricova *et al* (2013) estudaram os fenótipos e genótipos de 49 doentes hipertensos em tratamento com metoprolol para o polimorfismo do gene *CYP2D6* e concluíram que tanto o genótipo como o fenótipo são importantes para otimizar o tratamento com metoprolol.

Kumar *et al* (2013) estudaram a associação dos polimorfismos *CYP2C8*2, CYP2C8*3, CYP2C9*2* e *CYP2J2*7* com a hipertensão em 279 doentes hipertensos e 321 controlos do Sul da Índia. Os autores não observaram qualquer associação entre os polimorfismos e a hipertensão.

Ayyappadhas *et al* (2014) também não encontraram associação entre a resposta ao metoprolol e as variantes *do* gene *CYP2D6*4* na hipertensão.

Em 93 pacientes hipertensos, Wu *et al* (2015) também não observaram associação entre *CYP2D6*10* (100C>T) e *ADRB1* (1165G>C) e resposta à metoprololina. No entanto, a variante CC do *ADRB1* teve melhores resultados terapêuticos com metoprolol para a hipertensão.

Polimorfismo do gene *GST*

A literatura sobre as variantes do gene *GST* e o estado da hipertensão desde 2007 é aqui brevemente analisada:

Marhino *et al* (2007) efectuaram a genotipagem dos genes *GSTT1/M1* e *MTHFR* em doentes hipertensos com insuficiência cardíaca congestiva (n=94) e em 204 indivíduos portugueses saudáveis não aparentados. Os autores mostraram que o genótipo nulo *do GSTT1* pode desempenhar um papel importante na proteção contra a hipertensão. O genótipo *GSTT1* não nulo resulta na formação de conjugados de glutatião, levando à depleção de GSH e, consequentemente, a uma redução dos níveis de sulfureto de hidrogénio, o que agrava a patologia da hipertensão.

Como parte de um programa de rastreio de doenças, Oniki *et al.*
A incidência de hipertensão com os polimorfismos *GSTA1, GSTM1* e *GSTT1*. Os portadores do alelo *GSTA1B* eram significativamente mais numerosos nos doentes hipertensos. Nas pessoas com os genótipos *GSTA1B*, *GSTM1* nulo e *GSTT1* nulo, o risco de hipertensão era significativamente mais elevado.

O estudo de Lin *et al* (2009) não encontrou uma associação significativa entre o polimorfismo do gene *GSTP1* em homens adultos Han não aparentados (n=197) e a frequência cardíaca e a tensão arterial.

Gonzalez *et al* (2012) estudaram a relação entre o genótipo *GSTM1* e a hipertensão resistente em 49 pacientes com hipertensão resistente, 232 pacientes com hipertensão controlada e 110 participantes saudáveis. O estudo encontrou uma frequência duas vezes maior de genótipos *GSTM1* nulos em pacientes com hipertensão resistente do que naqueles com hipertensão controlada.

A relação entre as variantes genéticas da haptoglobina, *CEA, GSTM1* e *GSTT1, MnSOD*

(Val9Ala), *CAT* (-21A/T) e *GPx* (Pro198Leu) e a hipertensão arterial foi estudada por Miranda-Vilela *et al* (2010) em 91 doentes hipertensos e 110 controlos normais do Brasil. O estudo revelou que apenas os genótipos *Hp1-1* e *MnSOD* Val/Ala foram significativamente associados à hipertensão.

Ao estudar 227 doentes hipertensos subclínicos recentemente diagnosticados e não tratados e 130 controlos normais, Han *et al* (2011), na Coreia, investigaram se as variantes dos genes GSTM1 e GSTT1 estavam associadas à hipertensão. O estudo encontrou uma maior frequência do genótipo nulo *GSTM1* e dos genótipos nulos *GSTM1* e *GSTT1* em doentes em comparação com controlos normais. Os autores sugeriram que o genótipo nulo *GSTM1* poderia ser um potencial fator genético para prever a hipertensão subclínica.

A relação entre os polimorfismos nos genes *GST (GSTA1, GSTM1, GSTO1, GSTO2, GSTP1* e *GSTT1)* e a hipertensão essencial foi estudada por Polimanti *et al* (2011) num grupo italiano constituído por 193 doentes com hipertensão essencial e 210 controlos saudáveis. O estudo revelou uma associação significativa da única associação possível do genótipo nulo *GSTT1* com um risco acrescido de hipertensão. O risco era significativamente mais elevado nas mulheres.

Lee *et al* (2012) documentaram uma associação significativa entre a hipertensão induzida pelo chumbo e o alelo *GSTT1* positivo em 755 trabalhadores do sexo masculino expostos ao chumbo.

No entanto, num estudo realizado nos Emirados Árabes Unidos por Hussain *et al* (2012) em 30 pacientes hipertensos e 33 controlos saudáveis, não foi observada qualquer associação da doença com polimorfismos nos genes *GSTM1* e *GSTT1*.

Na população chinesa Han, 315 doentes com AVC isquémico e 210 controlos saudáveis foram estudados relativamente a polimorfismos nos genes *GSTM1 e GSTT1* (Wang *et al.*, 2012). Os genótipos nulos dos genes *GSTT1* e *GSTM1* mostraram uma associação com um risco acrescido de AVC.

Os níveis de MDA foram significativamente mais elevados em doentes hipertensos com genótipos nulos de *GSTT1* e *GSTM1* *(GSTM1+/GSTT1 -, GSTM1+, GSTT1-)* em comparação com genótipos não nulos *(GSTM1+/GSTT1+)* (Dhameja *et al.*, 2013). Além disso, a diminuição não significativa dos níveis de *GST* e FRAP também foi observada em genótipos nulos.

Eslami e Sahebkar (2014) efectuaram uma meta-análise de 12 estudos publicados que investigaram o polimorfismo do gene *GST* e a hipertensão e concluíram que o risco de hipertensão estava significativamente associado aos genótipos nulos *GSTM1* e *GSTT1.*

Rafee *et al* (2014) investigaram o efeito dos genótipos *GSTT1* e *GSTM1* na pressão arterial média (PAM) em 72 indivíduos saudáveis e concluíram que *o GST T1* e *o GST M1* são genes candidatos que modificam a pressão arterial.

Abbas *et al* (2014) investigaram a associação dos polimorfismos dos genes *da ECA, FABP2* e *GST* com o risco de hipertensão em 138 hipertensos essenciais e 116 controlos do norte da Índia, pareados por sexo, idade e etnia. Foi observada uma associação significativa dos genótipos *ACE*, *GSTT1* nulo, *GSTM1* não nulo e *FABP2* (Ala54/Ala54) com o risco de hipertensão.

Ge *et al* (2015) observaram uma associação estatisticamente não significativa entre o risco de hipertensão e os genótipos nulos dos genes *GSTT1 e GSTM1*, através da realização de uma meta-análise que incluiu 13 estudos de caso-controlo sobre os polimorfismos do gene *GSTT1* e 14 sobre os polimorfismos do gene *GSTM1* para o aumento do risco de hipertensão.

Em 84 pacientes sul-coreanos hipertensos, Han *et al* (2015) investigaram o efeito dos polimorfismos *GSTM1* e *GSTT1* na pressão arterial, na glicemia e no perfil lipídico após a suplementação com *Brassiacaoleracea acedphala* (couve). Os autores concluíram que existia uma associação significativa entre o polimorfismo *GSTT1* e uma redução da pressão arterial após a suplementação com sumo de couve. Os níveis de PAS foram significativamente reduzidos em 4,4% e os de PAD em 3,6% nos indivíduos com o genótipo *GSTT1* nulo, em comparação com uma redução de 6,0% e 4,2%, respetivamente, nos indivíduos com o genótipo *GSTT1* presente.

Referências

Abbas, S., Raza, S.T., Chandra, A., Rizvi, S., Ahmed, F., Eba, A. e Mahdi, F. (2014). Associação do polimorfismo dos genes ACE, FABP2 e GST com o risco de hipertensão essencial numa população do Norte da Índia. Annals of Human Biology Early Online : 1-9.

Ayyappadhas, R., Dhanalekshmi, U. e Jestin, C. (2015). Polimorfismo *do CYP 2D6*4* e variação da resposta interindividual ao metoprolol em pacientes hipertensos de estágio 1: nenhuma associação em uma população rural indiana?*Turkish Journal of* **MedicalSciences45**: 352-357.

Blake, C.M., Kharasch, E.D., Schwab, M. e Nagele, P. (2013). Meta-análise do fenótipo do metabolizador *CYP2D6* e farmacocinética do metoprolol.*ClinicalPharmacology & Therapeutics94***:** 1-14.

Borodulin, V.B., Shevchenko, O.V., Bychkov, E.N., Kiselev, A.R., Reshetko, O.V., Posnenkova, O.M., Saratsev, A.V. e Losev, O.E. (2012). Associação do polimorfismo dos genes *CYP2D6* e *CYP2C9* que codificam as proteínas do citocromo P-450 com a hipertensão. *Jornal de Investigação Científica Médica* **8**: 933-37.

Duricova, J., Perinova, I., Jurckova, N., Jeziskova, I., Kacirova, I. e Grundmann, M. (2013). Fenótipo e genótipo do citocromo P450 2D6 em pacientes hipertensos em tratamento de longo prazo com metoprolol.*Bratislavske Lekarske* **Listy114**: 206-212.

Eslami, S. e Sahebkar, A. (2014). Os genótipos nulos da glutationa-S-transferase M1 e T1 estão associados ao risco de hipertensão: uma revisão sistemática e meta-análise de 12 estudos.*Current Hypertension Reports* **16**: 432.

Ge, B., Song, Y., Zhang, Y., Liu, X., Wen, Y., & Guo, X. (2015). Polimorfismos nulos da glutationa S-transferase M1 *(GSTM1)* e T1 *(GSTT1)* e o risco de hipertensão: uma meta-análise. *PLOS ONE,* **10:**1-16.

Gonzalez, C.I., Corral, E., Sanchez-Ledesma, M., Sanchez-Rodriguez, A. Martin-Luengo, Candido e Gonzalez, R. (2012). Uma associação entre hipertensão resistente e genótipo nulo de GSTM1. *Jornal de hipertensão humana* **23**: 556-558.

Han, J.W., Lee, H.J., Cho, M.R., Yun, C., Choi, H.J. e Kang, M.H. (2011). Associação entre os polimorfismos da glutationa S-transferase (GST) M1 e T1 e a hipertensão subclínica na população coreana. *The Journal of the Federation of American Socities for Experimental Biology* **25**: 782-788.

Han, J.H., Lee, H.J., Kim, T.S. e Kang, M.H. (2015). O efeito dos polimorfismos da glutationa S-transferase M1 e T1 na pressão arterial, glicose no sangue e perfis lipídicos após a suplementação de suco de couve *(Brassica oleracea acephala)* em pacientes hipertensos subclínicos sul-coreanos. *Nutrition Research and Practice* **9**: 49-56.

Hussain, K., Salah, N., Hussain, S. e Hussain, S. (2012). Investigar o Papel do Polimorfismo da Glutationa-S-transferase (GST) no Desenvolvimento da Hipertensão na População dos EAU. *Jornal Médico do Crescente Vermelho Iraniano* **14**: 479-482.

Kumar, K., Reddy, M.N., Laxmi, A., Adithya, V. e Tabassun, S.N. (2013). Impacto clínico dos polimorfismos *CYP2D6* e *SULT1A1* e do tamoxifeno no cancro da mama. *Relatórios Científicos de Acesso Aberto* **2683:** 1-4.

Lee, B.K., Lee, S.J., Joo, J.S., Cho, K.S., Kim N.S. e Kim, H.J. (2012). Associação de polimorfismos do gene da glutationa S-transferase (GSTM1 e GSTT1) com hipertensão em trabalhadores expostos ao chumbo. *Molecular and Cellular Toxicology* **8**: 203208.

Lefebvre, J., Poirier, L., Poirier, P., Turgeon, J. e Lacourciere, Y. (2006). A influência do fenótipo CYP2D6 na resposta clínica ao nebivolol em pacientes com hipertensão essencial. *British Journal of Clinical Pharmacology* **63**: 575-82.

Lin, Y.S., Hung, S.C., Wei, Y.H. e Tarng, D.H. (2009). GST M1 Polymorphism Associates with DNA oxidative damage and mortality among hemodialysis patients. *Journal of the American Society of Nephrology* **20:** 405-415.

Liu, Y.T., Hao, H.P., Liu, C.X., Wang, G.J. e Xie, H.G. (2007). Medicamentos como sondas, indutores e inibidores do CYP3A. *Drug Metabolism Reviews* **39** : 699-721.

Marinho, C., Alho, I., Arduino, D., Falcão, L.M., Bras-Nogueira, J. e Bicho, M. (2007). Polimorfismos da GST M1/T1 e da MTHFR como factores de risco para a hipertensão arterial. *Biochemical and Biophysical Research Communications* **353** : 344-350.

Miranda-Vilela, A.L., Lordelo, G.S., Akimoto, A.K., Alves, P.C.Z., da Silva Pereira, L.C., Klautau-Guimaraes, M., d-N. e Grisolia, C.K. (2011). Polimorfismos genéticos influenciam as respostas de corredores à ingestão dietética de suplemento antioxidante de óleo de pequi *(Caryocar brasiliense* Camb.): um estudo antes-depois. *Genes e Nutrição* **6**: 369-395.

Oniki, K., Hori, M., Takata, K., Yokoyama, T., Mihara, S., Marubayashi, T. e Nakagawa, K. (2008). Associação entre os polimorfismos da glutationa S-transferase A1, M1 e T1 e a hipertensão. *Farmacogenética e* **Genómica18** : 275277.

Polimanti, R., Piacentini, S., Lazzarin, N., Re, M.A., Manfellotto, D. e Fuciarelli, M. (2011). Variantes da glutationa S-transferase como fator de risco para hipertensão essencial em doentes italianos. *Molecular and Cellular Biochemistry* **357**: 227-233.

Rafee, L., Abedini, M., Javanmard, S.H., Sarrafzadegan, N., & Mansourian, M. (2014). Associação dos polimorfismos GSTT1 e GSTM1 com a pressão arterial: Uma modelagem bayesiana de dados contínuos. *Journal of Research in Medical Sciences: The Official Journal of Isfahan University of Medical Sciences* **19**: 200-204.

Shin, D.J., Kwon, J., Park, A.R., Bae, Y., Shin, E.S., Park, S., & Jang, Y. (2012). Associação de variantes genéticas CYP2C19 * 2 e * 3 com hipertensão essencial.

em coreanos. *Yonsei Medical Journal* **53:** 1113-1119.

Wang, R., Wang, Y., Wang, J., & Yang, K. (2012). Associação dos polimorfismos dos genes da glutationa S-transferase T1 e M1 com o risco de acidente vascular cerebral isquémico na população chinesa Han. *Investigação sobre Regeneração Neural,* **7**: 1420-1427.

Wu, D., Li, G., Deng, M., Song, W., Huang, X., Guo, X., Wu, Z., Wu, S., & Xu, J. (2015). Associações entre os polimorfismos dos genes *ADRB1* e *CYP2D6* e a resposta à terapia com 0-bloqueador na hipertensão. *Journal of International Medical Research* **43**: 424-434.

Yuan, H., Huang, Z. e Yang, G. (2008). Efeitos do polimorfismo do adrenoreceptor beta(1) e do CYP2D6 nos efeitos terapêuticos do metoprolol. *Journal of Internal Medicine Research* **36**: 1354-1362.

Zateyshchikova, D.A., Minushkinaa, L.O., Brovkinb, A.N., Savel'evac, E.G., Zateyshchikovac, A.A, Manchaevac, B.B., Nikitinb, A.G., Sidorenkoa, B.A. e Nosikovb, V.V. (2007). Associação dos genes *CYP2D6* e *ADRB1* com a ação hipotensora e antichronotrópica do betaxolol em pacientes com hipertensão. *Farmacologia Fundamental e Clínica* **21** : 437-443.

Capítulo 8

Polimorfismo genético e suscetibilidade a danos genéticos

São aqui apresentados estudos sobre o polimorfismo genético dos genes *GST* e *CYP2D6* em pessoas expostas no local de trabalho e/ou com hábitos tabágicos, ou em pessoas com uma doença avaliada quanto a danos genéticos:

Em 240 trabalhadores de fornos de coque, observou-se que os danos no ADN (momento da cauda de azeitona) eram significativamente mais elevados do que em 123 trabalhadores de fornos de coque em resposta aos polimorfismos *genéticos AhR, CYP1A1, GSTM1* e *GSTT1* (Chen *et al.*, 2011). Entre os trabalhadores de fornos de coque, os danos no ADN foram significativamente mais elevados nos indivíduos com o genótipo *AhR* Arg554/Arg554, enquanto nos controlos, foram observados danos mais elevados no ADN nos indivíduos com o genótipo *CYP1A1Mst1* TT em comparação com os indivíduos com o genótipo *CYP1A1 Mst1* CC/CT.

A análise de regressão múltipla revelou uma associação significativa entre a idade, o grau de exposição a pesticidas e os genótipos nulos de *CYP3A5* e *GSTP1* com o tempo de cauda do ADN em 91 fruticultores expostos a pesticidas e 106 indivíduos de controlo não expostos que foram genotipados para *CYP3A5, PON1, GSTM1, GSTT1* e *GSTP1* (Liu *et al*, 2006*)*. Os danos no ADN (momento de cauda) foram significativamente mais elevados em indivíduos com elevada ou baixa exposição a pesticidas. Os autores concluíram que as pessoas com genótipos metabólicos sensíveis (*GSTP1)* poderiam estar expostas a um risco acrescido de danos no ADN.

Moretti *et al* (2007) realizaram o ensaio do cometa alcalino em amostras de 109 trabalhadores expostos a hidrocarbonetos aromáticos policíclicos (PAH) e 82 controlos com genótipos para os genes *CYP1A1, EPHX* e *GSTM1*, uma vez que estes genes estão envolvidos na ativação e desintoxicação de PAH. Foram observados danos significativamente maiores no ADN em indivíduos expostos a PAH na fábrica de eléctrodos de grafite, em comparação com os controlos. As diferenças entre os genótipos analisados não foram significativas.

Os resultados do ensaio cometa alcalino em 108 trabalhadores agrícolas expostos a pesticidas e 65 controlos normais não expostos a pesticidas e genotipados para os genes *PON, GSTT1, GSTM1, GSTP1, CYP1A1,* CYP2E1, apenas o genótipo *PON*, entre outros, mostrou uma associação com danos genéticos. Os parâmetros de danos genéticos, nomeadamente MN (~1,7 vezes), DI (~4,6 vezes) e DF (~5,6 vezes), foram significativamente mais elevados no grupo exposto a pesticidas (da Silva *et al.,* 2008).

Villarini et al (2008) avaliaram os danos oxidativos no ADN, a troca de cromátides irmãs (SCE) e os micronúcleos (MN) em 39 trabalhadores da construção de túneis rodoviários subterrâneos expostos profissionalmente a poeiras, gases e gases de escape de gasóleo e em 34 indivíduos não expostos, com genótipos para as variantes *CYP1A1* e *GSTM1.* Os resultados revelaram diferenças significativas nos danos primários e oxidativos do ADN e na ECS. A frequência de ND foi também significativamente mais elevada no grupo exposto. Não foi observado qualquer efeito das variantes dos genes *CYP1A1* e *GSTM1* nos danos genéticos.

Verificou-se que os danos no ADN (8-OHdG) em resposta ao polimorfismo genético *GSTM1* em 488 doentes em hemodiálise de manutenção eram significativamente mais elevados do que em 372 controlos saudáveis do mesmo sexo (Lin *et al.,* 2009). Foram observados níveis mais elevados de 8-OHdG em indivíduos com um genótipo *GSTM1* nulo em comparação com os níveis em indivíduos com um genótipo *GSTM1* presente.

Miranda-Vilela *et al.* (2010) estudaram a influência da haptoglobina, da superóxido dismutase de manganês *(MnSOD* Val9Ala), da catalase (CAT-21A/T), da glutationa peroxidase 1 *(GPx-1* Pro198Len), *ACE* (I/D) e glutatião S-transferase *GSTM1* e *T1* sobre os danos no ADN e o stress oxidativo induzidos pelo peróxido de hidrogénio (H_2O_2) em leucócitos do sangue periférico de 135 humanos saudáveis. Os autores observaram que os danos no ADN eram significativamente influenciados pelo *polimorfismo da GPx* e que o genótipo Pro/Len apresentava maiores danos genéticos. Os danos foram significativamente mais elevados em pessoas com os genótipos *Hp1F-1F/GSTM1+T+* e *Hp1F-1s/M1+T1-*, com níveis mais baixos em pessoas com os genótipos *Hp1F-1s/GSTM1-T1-* e *Hp1F-2/GSTM1+T1 +*.

Lee *et al* (2010) investigaram a relação entre os danos oxidativos no ADN (ensaio cometa) e os polimorfismos *GSTM1* e *T1* em 49 fumadores coreanos saudáveis do sexo masculino. Os resultados revelaram que foram encontrados níveis mais elevados de danos no ADN e dienos conjugados, bem como níveis plasmáticos mais baixos de HDL-C e índice aterogénico em indivíduos com um genótipo *GSTT1* nulo em comparação com aqueles com um genótipo *GSTT1* presente.

A influência dos polimorfismos nos genes *CYP1A1, CYP3A5, CYP2C9, CYP2D6* e *PON1* nos danos genéticos foi estudada por Singh *et al.* (2011) em 150 trabalhadores.
trabalhadores expostos profissionalmente a pesticidas organofosforados e 134 controlos saudáveis. Os autores registaram danos no ADN significativamente (~13 vezes) mais elevados (ensaio cometa) em trabalhadores com genótipos *CYP2D6*3* PM e *PON1* (QQ e MM).

Num estudo semelhante, Singh e colegas (2012) avaliaram os danos no ADN em trabalhadores ocupacionalmente expostos a pesticidas organofosforados (n=134) com genótipos *CYP2C9, GSTM1, GSTT1* e *NAT2* e um número igual de controlos (sem exposição), e referiram que o momento de cauda do ADN era significativamente mais elevado no grupo exposto do que no grupo de controlo. Verificou-se também um aumento significativo do momento de cauda do ADN em indivíduos com acetilação lenta de *NAT2* e genótipos nulos de *CYP2C9*3/*3* e *GSTM1*.

Dusinska et al (2012) estudaram os danos no ADN e a reparação por excisão de bases em

388 pessoas que tinham sido expostas durante pelo menos cinco anos ao amianto, à lã de rocha ou à fibra de vidro e em 149 pessoas não expostas, que foram submetidas a uma análise do polimorfismo do gene *GSTT1*. Os autores concluíram que o polimorfismo genético e a atividade *da GST* estavam significativamente associados à estabilidade do ADN e à reparação de bases oxidadas.

Os danos no ADN e a frequência de micronúcleos orais em relação aos genótipos *CYP1A1 Ml* e *M2* foram estudados em 115 trabalhadores do carvão e 105 controlos saudáveis. Concluiu-se que os indivíduos com genótipos variantes heterozigóticos e homozigóticos para os genes *CYP1A1 Ml* e *M2* tinham frequências aumentadas de momento de cauda e micronúcleos orais (Giri *et al.*, 2012).

Kadioglu *et al* (2012) avaliaram os danos genéticos nos linfócitos do sangue periférico em relação aos polimorfismos do gene *GST* num grupo turco saudável (n=127). O estudo revelou que os indivíduos com o genótipo nulo *GSTT1* apresentavam níveis mais elevados de aberrações cromossómicas e frequência de MN, bem como quebras de ADN de cadeia simples e sítios EndoIII e FPG.

Tang e colegas (2012) investigaram os danos ao DNA do esperma em 65 homens inférteis com variocele e 30 homens saudáveis do noroeste da China em relação ao polimorfismo genético nos genes *GSTT1, GSTMl* e *P1.* Os indivíduos com genótipos nulos de *GSTMl, GSTTl* e *GSTT1/GSTM1* apresentavam níveis significativamente mais elevados de danos no ADN (avaliados pelo ensaio de marcação de extremidades com nicotina da dUTP-biotina mediado pela desoxinucleotidil transferase terminal (TUNEL), 8-OH-dG por HPLC), bem como níveis de MDA e de óxido nítrico. Foi também observada uma redução significativa e surpreendente dos níveis de TAC nos indivíduos com genótipos nulos em comparação com os indivíduos com genótipos actuais.

A investigação dos polimorfismos *genéticos CYP1A1, GSTMl, GSTTl, GSTPl* e *XPD* em 220 não fumadores saudáveis (Wlodarczyk e Novicka, 2012) revelou que os danos no

ADN, expressos em percentagem da cauda do ADN, eram mais elevados (6,7%) em indivíduos com a variante AA do gene *XPD* e o genótipo nulo *GSTM1*. Os níveis mais baixos (3,7%) foram observados nos genótipos *GSTP1- AA/GSTM1(+)*.

Prasad *et al* (2013) observaram níveis significativamente mais elevados de 8-OHdG urinário em 148 agentes da polícia de trânsito não fumadores, em comparação com os níveis de 135 controlos normais. O genótipo *M1* da variante *CYP1A1* e o genótipo nulo *GSTM1* foram significativamente associados a níveis mais elevados de 8-OHdG urinário em comparação com os níveis de tipo selvagem.

Gomez-Martin *et al* (2014) investigaram os níveis de alquilação do ADN como biomarcador de agente químico metilante em 39 trabalhadores de estufas de plástico (expostos a níveis baixos e elevados de pesticidas) em resposta ao polimorfismo genético da paraoxonase-1 (*PON1*) e dos genes *GSTT1 e GSTM1*. Os níveis de alquilação do ADN e o risco de danos no ADN foram mais elevados nas pessoas expostas a níveis elevados de pesticidas e com genótipos metabólicos sensíveis (indivíduos com o gene *GSTM1* nulo e o gene *PON1* 192R).

Cho *et al* (2015) determinaram os danos no ADN e o estado antioxidante em 95 fumadores (antes e depois da suplementação com sumo de uva) em relação ao polimorfismo genético da glutationa-S-transferase. Nos fumadores com o genótipo *GSTM1* nulo, verificou-se uma redução significativa da pressão arterial diastólica, dos danos no ADN dos linfócitos e das proteínas conjugadas no plasma. Após 8 semanas de suplementação com sumo de uva, todos os parâmetros de danos no ADN (percentagem de ADN, comprimento da cauda, tempo da cauda) foram significativamente reduzidos, principalmente em indivíduos com o genótipo nulo *GSTM1*. Tanto nos *genótipos GSTT1* presentes como nos *genótipos GSTT1* nulos, os danos genéticos foram reduzidos e o efeito antioxidante da suplementação com sumo de uva foi mais elevado nos genótipos *GSTT1* presentes do que nos genótipos *GSTT1* nulos.

Referências

Chen, X., Liu, F., Li, B., Wei, Y.G., Yan, L.N. e Wen, T.F. (2011). p53 codon 72 polymorphism and liver cancer susceptibility: a meta-analysis of epidemiologic studies. *World J Gastroenterol* **17**: 1211-1218.

Cho, M.R., Han, J.H., Lee, H.J., Park, Y.K., & Kang, M.H. (2015). Suplementação de suco de uva roxa em fumantes e status antioxidante de acordo com diferentes tipos de polimorfismos *GST*. *Journal of Clinical Biochemistry and Nutrition* **56**: 49-

56.

da Silva, J., Moraes, C.R., Heuser, V.D., Andrade, V.M., Silva, F.R., Kvitko, K,. Emmel, V., Rohr, P., Bordin, D.L., Andreazza, A.C. (2008). Avaliação de danos genéticos em uma população brasileira ocupacionalmente exposta a pesticidas e sua correlação com polimorfismos em genes do metabolismo. *Mutagénese* **23** : 415-422.

Dusinska, M., Staruchova, M., Horska, A., Smolkova, B., Collins, A., Bonassi, S. e Volkovova, K. (2012). As glutationa S-transferases estão envolvidas na sinalização de danos ao DNA? Interacções com danos e reparação do ADN reveladas por estudos de epidemiologia molecular. *Mutation Research* **736**: 130-137.

Giri, S.K., Yadav, A. e Kumar, A. (2012). Polimorfismos do gene *CYP1A1*: modulador de danos genéticos em trabalhadores de alcatrão de carvão. *Asian Pacific Journal of Cancer Prevention* **13**: 3409-3416.

Gomez-Martin, A., Altakroni, B., Lozano-Paniagua, D., Margison, G.P., de Vocht, F., Povey, A.C. e Hernandez, A.F. (2014). Aumento dos adutos de DNA de N7-metildeoxiguanosina após exposição ocupacional a pesticidas e influência dos polimorfismos genéticos da paraoxonase-1 e da glutationa S-transferase M1 e T1. *Environ Mol Mutagen10*: 1-9.

Kadioglu, E., Kocabas, N.A., Demircigil, G.C., Coskun, E., Ozcagli, E., Durmaz, E.,

Karahalil, B., Burgaz, S. e Sardas, S. (2012). Avaliação da suscetibilidade individual ao DNA de linha de base e danos citogenéticos em uma população turca saudável: avaliação com fatores de estilo de vida. *Genetic Testing and Molecular Biomarkers,* **16**: 1157-1164.

Lee, B., Hong, Y., Park, H., Ha, M., Koo, B.S., Chang, N., Roh, Y. Kim, B., Kim, Y., Kim, B., Jo, S. e Ha, E. (2010). Interação entre o polimorfismo *GSTM1/GSTT1* e o mercúrio no sangue no peso à nascença. *Saúde Ambiental*

Perspectivas **118:** 437-43.

Lin, Y.S., Hung, S.C., Wei, Y.H. e Tarng, D.H. (2009). GST Ml Polymorphism Associates with DNA oxidative damage and mortality among hemodialysis patients. *Journal of the American Society of Nephrology* **20:** 405-415.

Liu, Y.T., Hao, H.P., Liu, C.X., Wang, G.J. e Xie, H.G. (2007). Medicamentos como sondas, indutores e inibidores do CYP3A. *Drug Metabolism Reviews* **39** : 699-721.

Miranda-Vilela, A.L., Lordelo, G.S., Akimoto, A.K., Alves, P.C.Z., da Silva Pereira, L.C., Klautau-Guimaraes, M., d-N. e Grisolia, C.K. (2011). Polimorfismos genéticos influenciam as respostas de corredores à ingestão dietética de suplemento antioxidante de óleo de pequi *(Caryocar brasiliense* Camb.): um estudo antes-depois. *Genes e Nutrição* **6**: 369-395.

Moretti, M., Dell'Omo, M., Villarini, M., Pastorelli, R., Muzi, G., Airoldi, L. e Pasquini, R. (2007). Danos primários no ADN e polimorfismos genéticos para *CYP1A1, EPHX* e *GSTM1* em trabalhadores de uma fábrica de eléctrodos de grafite.*BioMed Central Public Health* **7** : 1-10.

Prasad, S.B., Vidyullatha, P., Vani, G.T., Devi, R.P., Rani, U.P., Reddy, P.P. e Prasad,H.M. Association of gene polymorphism in detoxification enzymes and urinary 8-OHdG levels in traffic policemen exposed to vehicular exhaust.**InhalationToxicology25**

: 1-8.

Singh, S., Kumar, V., Singh, P., Banerjee, B.D., Rautela, R.S., Grover, S.S., Rawat, D.S., Pasha, S.T., Jain, S.K. e Rai, A. (2012). Influência dos polimorfismos genéticos *CYP2C9, GSTM1, GSTT1* e *NAT2* nos danos ao DNA em trabalhadores ocupacionalmente expostos a pesticidas organofosforados.*Mutation Research/Genetic Toxicology and Environmental Mutagenesis* **741**: 101-108.

Singh, S., Kumar, V., Singh, P., Thakur, S., Banerjee, B.D., Rautela, R.S., Grover, S.S., Rawat, D.S., Pasha, S.T., Jain, S.K. e Rai, A. (2011). Polimorfismos genéticos de *GSTM1, GSTT1* e *GSTP1* e suscetibilidade a danos no ADN em trabalhadores ocupacionalmente expostos a pesticidas organofosforados. *Mutation Research/Genetic Toxicology and Environmental Mutagenesis* **725**: 36-42.

Tang, K., Xue, W., Xing, Y., Xu, S., Wu, Q., Liu, R., Wang, X. e Xing, J. Polimorfismos genéticos da Glutationa S -Transferase M1, T1 e P1, e a avaliação dos danos oxidativos em homens inférteis com varicoceles do noroeste da China. *Jornal de Andrologia* **33** : 257-263.

Villarini, M., Moretti, M., Fatigoni, C., Agea, E., Dominici, L. e Mattioli, A. (2008). Avaliação de lesões primárias de ADN, biomarcadores citogenéticos e polimorfismos genéticos para CYP1A1 e GSTM1 em trabalhadores da construção de túneis rodoviários. *J Toxicol Environ Health A.* **71** : 1430-1439.

Wlodarczyk, M. e Nowicka, G. (2012). Polimorfismos comuns nos genes *CYP1A1, GSTM1, GSTT1, GSTP1* e *XPD* e danos endógenos no ADN. *Molecular Biology* **Reports39**: 5699-704.

Conclusão

Uma revisão da literatura revelou que o desequilíbrio entre o stress oxidativo e as defesas antioxidantes na hipertensão conduz a um aumento do stress oxidativo, que pode levar a danos genéticos. O polimorfismo genético nos genes metabólicos *(CYP2D6* e *GST)* pode também modular a resposta ao tratamento e os danos genéticos.

MIX
Papier aus verantwortungsvollen Quellen
Paper from responsible sources
FSC® C105338

Printed by Books on Demand GmbH, Norderstedt / Germany